广州地铁六号线萝岗车辆段上盖 TOD综合开发创新与实践

广州地铁设计研究院股份有限公司 组织编写

农兴中 翁德耀 陈皓粤 主 编

中国建筑工业出版社

图书在版编目（CIP）数据

广州地铁六号线萝岗车辆段上盖TOD综合开发创新与
实践/广州地铁设计研究院股份有限公司组织编写；农
兴中，翁德耀，陈皓粤主编. —北京：中国建筑工业出
版社，2023.11
　　ISBN 978-7-112-29340-7

　　Ⅰ.①广… Ⅱ.①广… ②农… ③翁… ④陈… Ⅲ.
①地下铁道车站—商业建筑—建筑设计—广州 Ⅳ.
①TU921②TU247

中国国家版本馆CIP数据核字（2023）第214046号

责任编辑：曾　　威
书籍设计：锋尚设计
责任校对：王　　烨

广州地铁六号线萝岗车辆段上盖TOD综合开发创新与实践

广州地铁设计研究院股份有限公司　组织编写

农兴中　翁德耀　陈皓粤　主编

*

中国建筑工业出版社出版、发行（北京海淀三里河路9号）
各地新华书店、建筑书店经销
北京锋尚制版有限公司制版
天津裕同印刷有限公司印刷

*

开本：787毫米×1092毫米　1/12　印张：16　字数：492千字
2024年5月第一版　　2024年5月第一次印刷
定价：**198.00**元
ISBN 978-7-112-29340-7
　　（42097）

《广州地铁六号线萝岗车辆段上盖 TOD 综合开发创新与实践》
编审委员会

前　言

　　城市土地利用与交通系统的关系是 TOD 研究与实践领域的重要课题，本书通过萝岗上盖 TOD 场段综合开发项目设计创新与实践，从 TOD 场段综合开发项目双线并进的策划、规划、设计、建设、运营等方面对 TOD 开发上至政策、下至项目设计的全过程实践进行总结，对项目实践遵循 TOD 的基本原则、建设流程、项目设计实践关键要素、TOD 一体化全专业精细化管控技术统筹等方面开展研究探索与回顾总结，为持续开展 TOD 场段综合开发提供项目实践范例及技术借鉴参考。

　　本项目从 2010 年至 2023 年，设计周期共历时十多年，历经"摸索、探索、解锁"的 TOD 场段综合体开发全流程的实施，以"和谐、共享、多元"为设计理念，力求打造"轨道 + 物业"的示范性活力社区。

　　项目积极探索开拓，解决了上盖开发 TOD 综合体的功能叠合、空间优化控制、结构转换、立体交通、消防安全、海绵城市、分期建设的永临结合等难题，打造出安全、舒适、韧性的城市空间。

　　项目采用立体空间叠合开发模式，创新运用全框支剪力墙结构体系、减振降噪措施、盖板综合排水、低碳绿色二星设计、智慧社区应用、BIM 技术信息应用等先进一体化关键技术，形成 TOD 综合关键控制技术沉淀总结。

　　项目先后获得广东省优秀工程勘察设计奖二等奖、广州市优秀工程勘察设计行业奖二等奖，并获得最佳居住建筑 BIM 应用奖等，实用发明专利 1 项，发表论文 8 篇，并以项目为依托，编制了轨道交通车辆基地上盖开发保护标准。

　　本书认真总结经验，形成技术沉淀与积累，为推动"轨道 + 物业"综合体的技术进步与可持续发展做出贡献。

目　录

西北侧鸟瞰图

东北侧鸟瞰图

住宅塔楼实景图一

住宅塔楼实景图二

西北侧实景图

图书馆实景图

学校教学楼实景图

学校体育馆实景图

幼儿园实景图

1 | 概 况

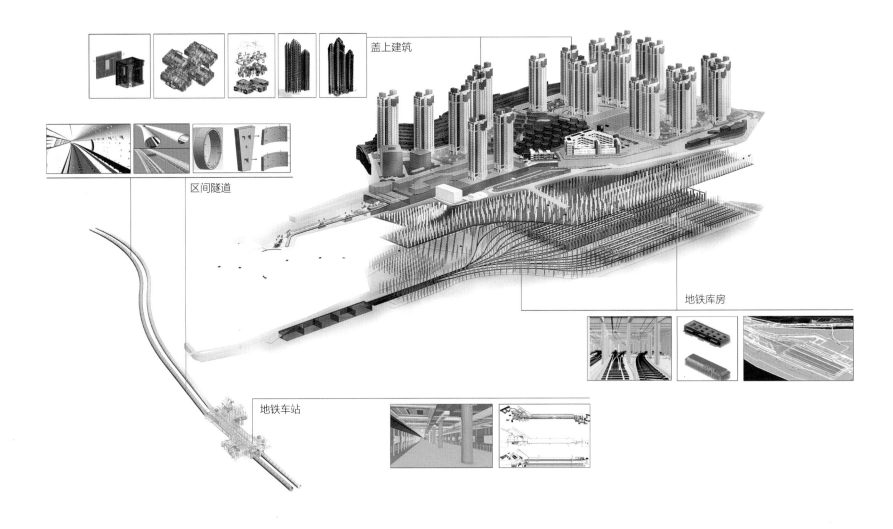

盖上建筑

区间隧道

地铁库房

地铁车站

1.1 技术创新

1. 全国首创 100m 的单向全框支剪力墙结构体系

全国首创 100m 的单向全框支剪力墙结构体系，新型方钢管混凝土框支柱与带型钢转换梁节点，车辆段咽喉区上盖采用叠合梁转换，实现提容、降本、增效，确保开发效益。

2. 广州第一个正向 BIM 设计的 TOD 场段综合体

项目针对"轨道＋物业"综合体周期长、空间复杂、多专业衔接等特征，研究建设过程中的团队构架、管理流程，从住宅建筑 BIM 精细化设计、区域级 BIM 研究、三维可视化设计及 VR 体验等方面应用创新，解决了叠合空间、复杂综合管线、分期实施等风控建设问题。

3. 广州第一个获绿色二星设计标识的 TOD 场段综合体

创新实现 TOD 场段综合体上盖自然存积、渗透、净化的海绵城市设计，实现低碳绿色建筑设计，获得二星 B 级绿色建筑设计标识证书。

4. 全国首例咽喉区上盖开发住宅

根据上盖联合开发业主更新的市场策划研究，国内首例对咽喉区上方改造增设多层洋房住宅，并加强减振降噪处理，提质增效。

5. 首次共构韧性城市综合防灾安全体系的综合体

融入韧性城市理念，构建防洪防涝、工程抗震、边坡保护、减振降噪、消防、人防、地铁保护等综合防灾体系，智慧监控防灾减灾，保障生产与人民生命安全。

6. 获奖情况

2017 年第八届"创新杯"建筑信息模型（BIM）应用大赛——最佳居住建筑 BIM 应用奖；

2019 年广东省优秀工程勘察设计奖科学技术奖一等奖；

荣获第十一届（2023—2024 年度）"广厦奖"；

2022 年广州市优秀工程勘察设计行业奖二等奖；

2023 年广东省优秀工程勘察设计奖公共建筑、建筑结构专项二等奖。

1.2 项目特点

1. 三生共融

广州首例场段综合体土地集约利用示范项目，全链条打造生态、生产、生活共融的"轨道 + 物业"活力社区型 TOD。

2. 多元和谐

空间交互融合文化、教育、商业、康体、居住等多种复合功能，并设置十大类智能化系统，营造多元智慧和谐社区生活。

3. 立体交通

构建绿色交通体系，融合轨道交通站点接驳、多维道路、慢行系统，8.5m 盖板道路全天候开放接入城市交通系统。

4. 绿色低碳

绿色二星设计，营造立体多维绿化空间，设置有氧健康跑道，将健康内涵融入园林之中，践行低碳环保的生活方式。

5. 全国首创

经全国大师团队认证，国内首创高度超过100m 的单向全框支剪力墙结构体系，获广东省优秀工程勘察设计奖科学技术奖一等奖。

剖视图

立体开发，高效集约，三生共融

车辆段土地的复合型利用，以"和谐、共享、多元"为设计理念，通过多维空间复合设计，营造生态、生活、生产和谐共融共生的"轨道＋物业"示范性活力社区。

根据萝岗区功能多元化战略转向的上位规划指引，项目综合开发以节地、节能、生态、环保和智能为重点，营造"岭南特色生态山水新城"的人居环境。

项目是广州首个在交通用地之上进行复合型土地开发的实例，具有集约利用土地资源的示范效应。

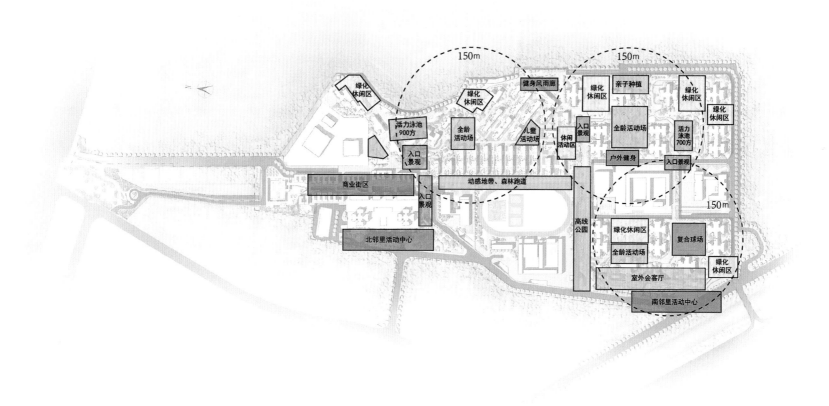

根据地块特点、建筑布局、服务间距与影响需求：

以人为本、科学合理地布置景观休闲活动功能区

多元空间交互，活力社区生活

　　项目综合开发整合居住、商业、文化、教育、康体5种混合功能业态，高效提升公共服务，通过灵活空间交互融合各种复合城市功能模块，配置图书馆、体育馆、教育组团、南北商业、公交车站等公共服务设施，并设置10大类智能化信息系统，满足人们对生活和环境多元化、多样性的追求。

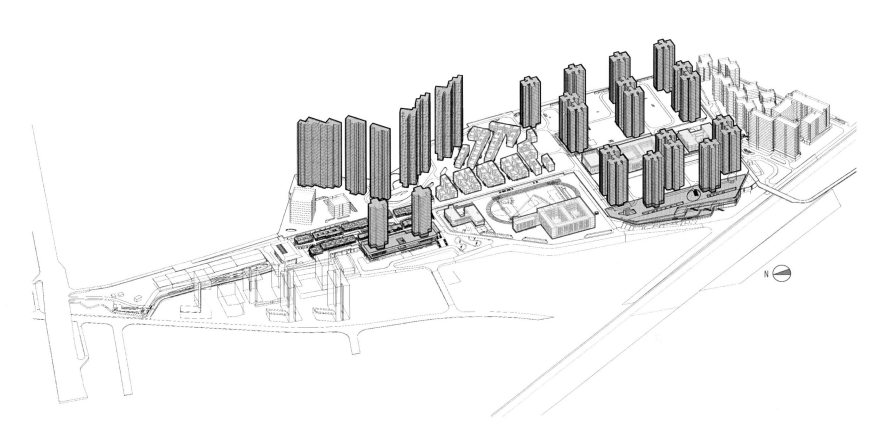

沿**西北及西南**对外开放商业街区，设置**商业及社区配套**，而**西侧中部及南侧中部**，设置教育设施打造**立体教育组团**。

商业、公建配套　　　　教育组团　　　　洋房住宅　　　　高层住宅　　　　超高层住宅

场地内 0.0m、8.5m、14m 三个层级标高的快行以及慢行系统，通过立体路桥进行无缝对外衔接，并通过多层次接驳至六号线香雪站实现绿色出行。

公交首末站无缝接驳小区及地铁站

公交站设于北邻里中心 0.0m 架空层，方便上盖及周边居民日常通勤。结合市政路形成公交车道回路，避免公交车调头。架空层设候车大堂，候车环境更为舒适。

8.5m 盖板开放道路接入城市交通系统

8.5m 盖板设置贯通南北干道的公共道路，与开创大道、伴河路衔接，对城市开放。校巴在 8.5m 盖板道路上可方便到达学校及幼儿园，安全又便利。

公共空间与社区内部空间互不干扰

（1）8.5m 平台打造成城市开放空间，承载社区的公共服务活动，包括教育功能、社区配套、商业功能等。所有的车行在 8.5m 标高解决，对外车行直接进入各组团车库，居民也可以直接开车进入车库，通过电梯归家。

（2）对外人行组织在 8.5m 盖板标高解决，并在多处景观节点处设置垂直交通连接 14m 盖板，有效将对外人流与对内人流分开，互不干扰。

（3）14m 以上是全人行系统，布置小区内的花园绿地，实现完全的人车分流。14m 平台营造小区的私密空间，供居民内部使用。

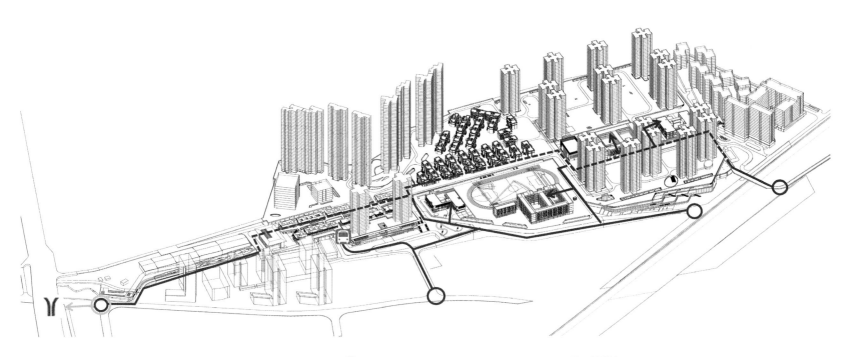

 地铁站　🚌 公交首末站　—— 骑行流线（学校、商业）　〇 骑行出入口　→ 学校骑行出入口　→ 接驳地铁站

丰富街区景观　全龄健康生活

打造森氧社区，营造全龄乐活健康生活

整体设计上，由不同大小单元退台构成的建筑，逐层叠落、层次丰富，在连续的景观手法处理下，园区逐渐塑造出多姿多样的绿化平台与活动平台，并形成了统一的 TOD 宜居社区整体形象。

小区内部步行系统、步行休憩区结合绿化景观系统设置。步行道路与绿化轴带形成连续环绕的绿化空间。步行道路连接贯通、曲折蜿蜒，将小区入口广场、公共建筑、中心绿地及各组团绿地等外部活动空间联系在一起，创造优美的、人性化的住区户外活动空间。

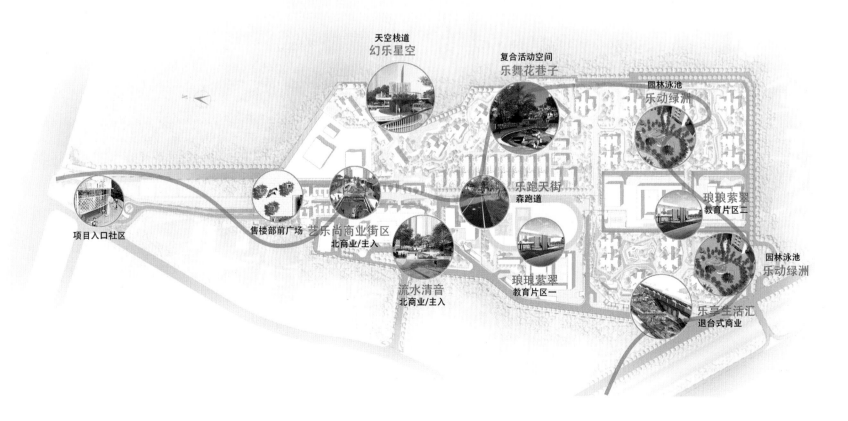

雨水井（分布密度见专业图纸）

综合管廊（管径大小、位置、埋深见专业图纸）

200宽隐形单边排水沟

生态友好，环境共融

绿色低碳

本项目采用绿色二星设计，建立多层次的立体绿化系统，净化区内空气，吸收噪声，创造清爽悦目的视觉环境。场区用绿化环境将建筑物融合其中，设置不同样式的园林景观改善内部系统，并采用太阳能庭院灯等低碳产品，营造绿色、低碳、怡人的憩息空间。

海绵城市

"建设自然存积、自然渗透、自然净化的海绵城市"。全面贯彻落实海绵城市建设要求，在上盖开发平台上结合景观设计，采用下沉式绿地、透水铺装、溢流雨水口等措施，对场地径流进行控制。

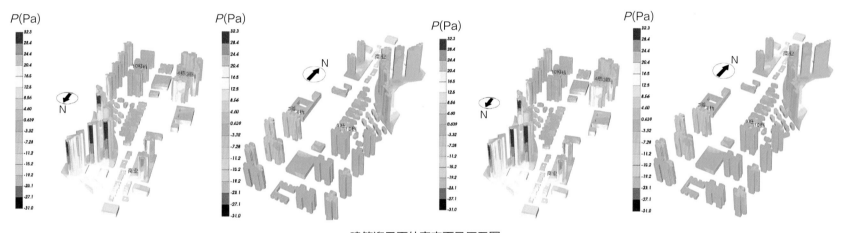

建筑迎风面外窗表面风压云图

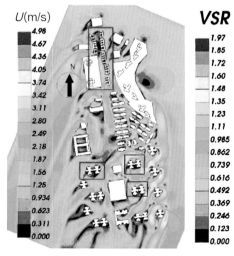

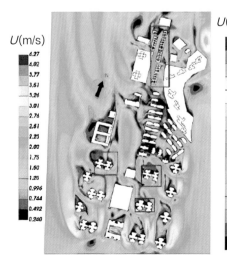
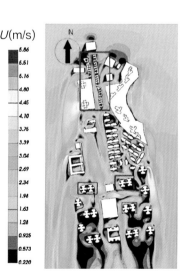

1.5m 高处风速放大系数云图

1.3　概述及历程

萝岗车辆段上盖 TOD 综合开发项目

用地面积：31.23 公顷
总建筑面积：90.39 万 m^2
容积率：2.14

　　萝岗车辆段上盖 TOD 综合开发项目位于黄埔区萝岗科学城中心区，北邻广州轨道交通六号线香雪站，周边还有广州轨道交通 21 号线、7 号线二期（在建）、黄埔有轨电车 1 号线等站点，实现与天河、广州第二 CBD 等的衔接。

　　项目以"和谐、共享、多元"为设计理念，力求打造"轨道 + 物业"的示范性 24 小时活力 TOD 社区。

　　项目总用地面积为 312376m^2，可建设用地为 282931m^2。开发总建筑面积为 90.39 万 m^2，上盖计容总建筑面积为 60.64 万 m^2，不计容面积 29.74 万 m^2，容积率 2.14，总建筑密度 18.3%，绿地率 31.8%。总户数为 5284 户，总人口为 1.6 万人。

广州地铁 TOD 发展历程

广州地铁凭借全链条介入 TOD 的开发，"轨道＋物业"模式激发 TOD 综合开发的最大价值，回顾广州地铁 TOD 三十年的发展历程，主要经历了以下几个阶段：

（1）"单站"TOD1.0（1992—2010）合作开发

代表项目：动漫星城。

（2）"站楼一体"TOD2.0（2010—2017）自主开发

代表项目：万胜广场，地铁金融城等。

（3）"站城一体"TOD3.0（2017—2020）合作开发

代表项目：官湖、萝岗、陈头岗、镇龙、水西、白云湖等。

（4）"站城产人文一体"TOD4.0（2020至今）多种开发并举

代表项目：白云（棠溪）站场综合体等。

广州地铁设计研究院股份有限公司深度参与从轨道交通线网规划与沿线开发策划至 TOD 站城一体化设计与建设实施、运营等全过程，通过各类型 TOD 的一体化设计，积极探索轨道交通与沿线开发双线并进发展，将 TOD 深度融入城市发展。众多"轨道＋物业"的实践项目落成，初见成效，推动轨道交通可持续发展，为城市提供丰富多彩的品质生活。

土地整理层面

创新土地获取机制，为轨道交通建设筹资提速

轨道交通
车辆段/停车场及
周边土地

轨道交通
站点及周边土地

城市重点发展区域
连片开发土地
（含市属国企存量地块）

物业开发层面

创新合作开发模式，为城市经济社会发展提速

商业经营层面

创新资源要素聚集，为满足市民美好生活提速

城市门户 ➡ 城市客厅
构建广州多中心网络化城市体系

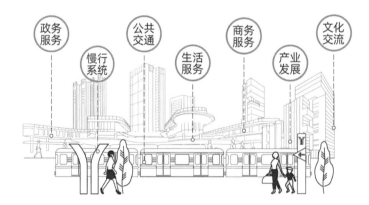

政务服务　慢行系统　公共交通　生活服务　商务服务　产业发展　文化交流

项目设计历程：摸索、探索、解锁

从 2013 年 TOD 综合开发前期研究至 2023 年开发综合体竣工，我们坚守初心，以设计总体统筹从政策、土地、投融资、策划、规划、设计、建设到运营管理等全生命周期的 TOD 实践，通过理论—技术—应用—实践全过程构建"全链条、全流程、全方位"一体化设计，成为广州一体化理念发展的开拓者、践行者和创新者。

1. 轨道交通与沿线开发双线并进的摸索

TOD 综合开发以综合交通体系及其城市空间融合协调发展模式为主要关注重点。我们在广州地铁线网发展资源优化的阶段开始摸索 TOD 开发土地集约与土地整理模式，编制立项、工程可行性报告，开展多元组合策划分析、城市空间优化，开发前期论证、控制性规划调整等工作。

2. 车辆基地与物业开发同步实施一体化建设的探索

历经 TOD 土地整理立项、工程可行性研究报告论证与批复后，采用假设开发法进行多元优化，TOD 开发方案推导及技术探索，完成车辆段与上盖开发同步规划条件论证，配合土地出让完成上盖初步设计，统筹完成车辆段同步建设开发预留主体结构与市政设施等工作。

3. 二级开发价值创造实施建设的解锁

土地出让后根据时代需求变化，进行开发更新策划及 TOD 二次价值创造，从用户需求出发，以人为本深化方案及施工图设计，落实各项 TOD 复合功能与指标，并融合车辆段运营、开发运营的资源共享，实现轨道交通与城市空间深度融合的双线可持续发展。

一级土地整理

开发盖板同步实施

2010—2014

第一阶段

选址及方案批复

2015—2016

第二阶段

一级土地整理

2017—2018

第三阶段

规划条件批复土地出让

- 取得萝岗车辆段建设项目选址意见书
- 《有关加快推进六号线萝岗车辆段综合开发建设试点工作的请示》获批复
- 上盖开发平台一级土地整理项目建议书获批复
- 上盖开发平台一级土地整理工程可行性研究报告获批复
- 上盖开发项目交通规划方案研究完成
- 上盖开发项目规划环评通过专家审查
- 关于萝岗上盖用地SD02管理单元控制性详细规划修改获批复

- 开发地块110V变电站预控方案获批复
- 上盖综合开发项目总平面规划获批复
- 萝岗车辆段地块规划条件获批复
- 上盖开发项目城市设计获批复
- 车辆段带上盖开发消防专题通过广东省消防专家审查论证
- 上盖开发公交站场设计方案获批复
- 上盖开发教育组团设计方案获批复
- 上盖开发公厕配套方案获批复
- 上盖开发排水设施设计条件获批复
- 萝岗车辆段及开发同步建设设施完成建设并开通运营

- 开发项目地质灾害评估通过专家审查
- 开发项目建筑设计卫生防疫方案获批复
- 完成上盖开发初步设计集团专家审查
- 开发修建防空地下室咨询意见获批复
- 开发项目环评影响报告通过专家评审
- 车辆段与上盖开发界面划分专题研究
- 萝岗车辆段地块规划条件获规划批复
- 完成萝岗上盖开发地块公开出让

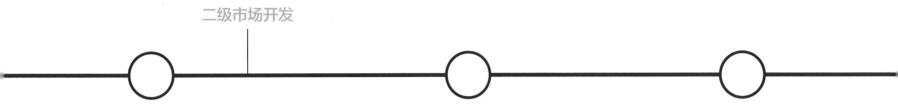

二级市场开发

2019

第四阶段

广州地铁、越秀、科学城联合开发

- 联合开发综合开发设计方案获批复
- 修建性详细规划方案交通影响评估完成编制
- 项目第一、二期建筑获得工程规划许可证
- 项目人防专项获得审批
- 盖上超限高层建筑工程抗震设防专项审查
- 广东省工程勘察设计行业协会建筑工程消防技术协调委员会组织审查消防设计专项并通过
- 项目第一、二期教育建筑通过施工图审查，开始建设实施

2020—2021

二级开发项目

方案、消防获批复

- 上盖综合开发项目设计方案调整批复
- 项目第三期建筑通过施工图审查，开始进入建设实施
- 取得项目人防建设意见书
- 项目第四期超高层建筑通过施工图审查，开始建设实施
- 项目获二星B级绿色建设设计标识
- 第一期洋房、图书馆完成竣工联合验收

2022—2023

二级开发项目

第一至第四批次工程验收

- 教育组团完成联合验收
- 第一批次低层住宅完成联合验收
- 第二批次高层住宅完成联合验收
- 第三批次自持高层住宅完成联合验收
- 第四批次超高层住宅完成联合验收

2 创新与实践

2.1 一级土地整理

项目所在用地位于"广州东部山水新城"范围，据《广州东部山水新城总体规划》，东部山水新城规划形成"三组团四廊道"布局。

一级土地整理前期研究

一级土地整理前期研究是统筹轨道交通与城市发展的"大总体"，在各个阶段都力求轨道与城市在空间、时序及主体等方面的协同。

（1）一级土地整理前期研究工作方法

将交通设施与周边物业和城市环境作为一个整体进行规划设计，对场站选址、敷设方式、建筑布局、开发综合体建设工程等进行优化，夯实 TOD 价值实现的技术基础，以及稳定轨道工程规划设计的边界条件，优化控制性规划指标，总体控制资源。

（2）2015 年批复以萝岗车辆段综合开发为试点，本项目前期研究工作主要内容

1）开发项目建议书；

2）沿线开发项目策划；

3）项目概念设计；

4）项目开发工程可行性研究；

5）开发项目专题研究（规划、交通、城市设计、开发专项技术论证、经济测算与平衡、环评等）；

6）控制性详细规划调整。

项目在萝岗中心区的位置

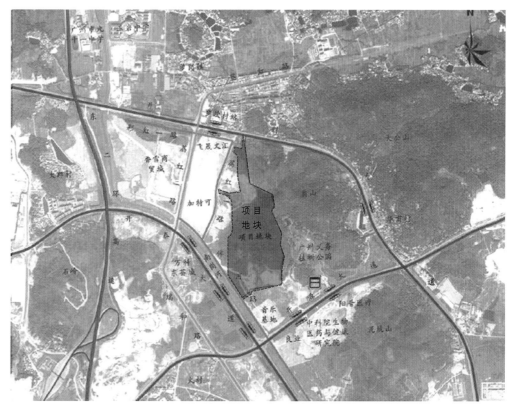

项目周边交通情况

萝岗车辆段的选址及建设指标

选址：广州市轨道交通六号线车辆段选址位于萝岗 SD02 规划管理单元，开创大道以南、荔红一路以东、伴河路以北、开源大道以西，占地面积约 30.67 公顷。萝岗选址方案 2010 年 4 月通过，同年 10 月取得选址意见书。

交通条件：萝岗区近年来加强道路基础设施建设初见成效，项目周边道路网络发展快于用地开发，使得项目开发拥有良好的道路交通条件。

萝岗车辆段功能需求

萝岗车辆基地作为承担六号线部分配属列车的停放、月检、双周检、列检和洗刷清扫等日常保养任务及维修任务。

六号线萝岗车辆段停车列位 66 列，征地面积 30.71 公顷，同时预留了第三条出入段线。试车线设在东侧，其中 800m 利用山体隧道形式设置。

规划方案限制条件分析

• A 区出入段，建筑限高 100m，B 区咽喉区，建筑限高 30m；

• C 区运用库，建筑限高 100m，D 区白地，与山体高度协调，建筑限高 100m。

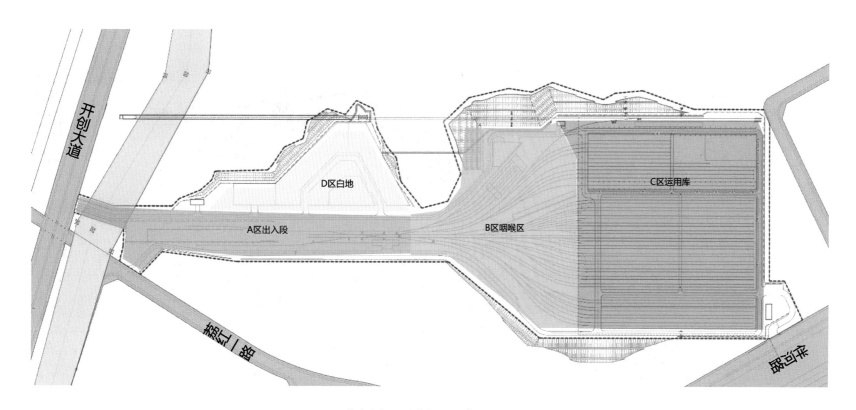

萝岗车辆段功能总平面（规划阶段）

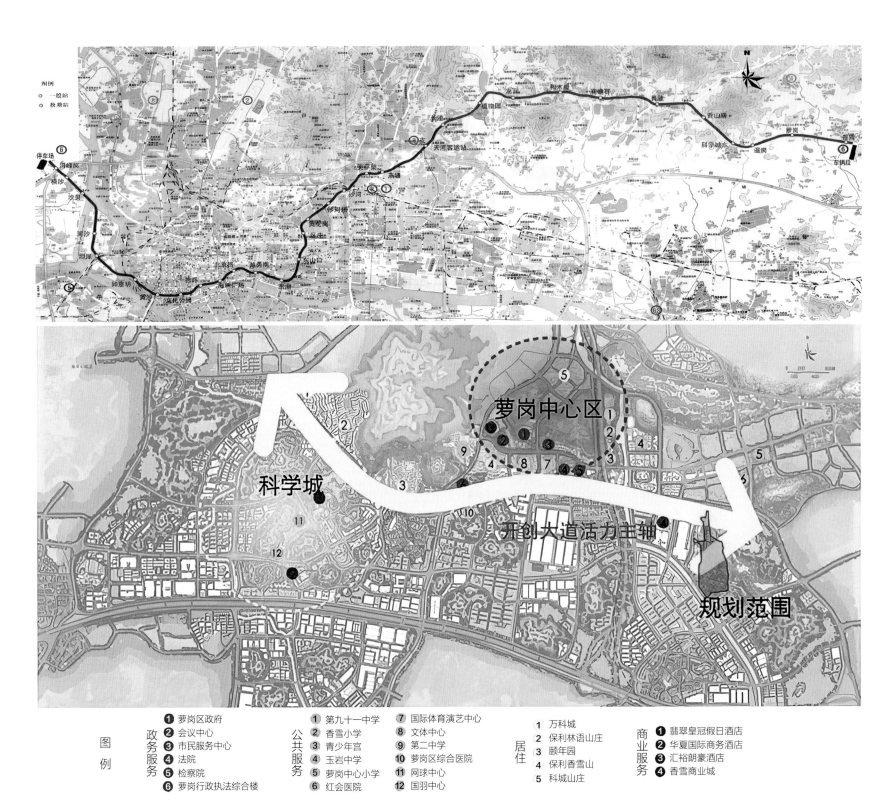

图例

政务服务
1 萝岗区政府
2 会议中心
3 市民服务中心
4 法院
5 检察院
6 萝岗行政执法综合楼

公共服务
1 第九十一中学
2 香雪小学
3 青少年宫
4 玉岩中学
5 萝岗中心小学
6 红会医院
7 国际体育演艺中心
8 文体中心
9 第二中学
10 萝岗区综合医院
11 网球中心
12 国羽中心

居住
1 万科城
2 保利林语山庄
3 颐年园
4 保利香雪山
5 科城山庄

商业服务
1 翡翠皇冠假日酒店
2 华夏国际商务酒店
3 汇裕朗豪酒店
4 香雪商业城

广州－萝岗规划定位

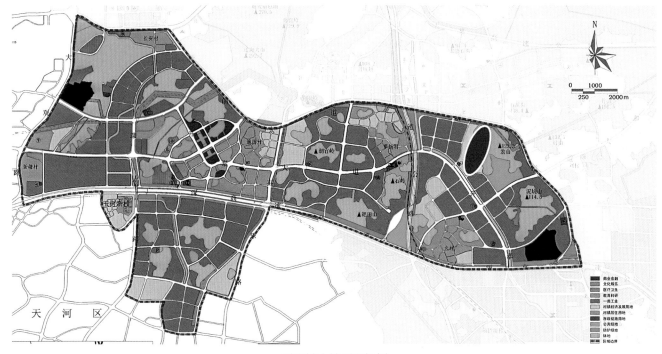

科学城土地利用规划

规划条件及定位

萝岗区发展定位：发达的现代服务产业与适宜居住的城市居住生活区。

开发定位：延续萝岗区生态宜居宜业新城区定位，遵循"以人为本"的设计理念，打造"轨道+物业"的绿色低碳、居住生活一体化活力社区。

控制性详细规划调整

根据未来土地使用性质和权属的不同规划调整。

分层设权

分别给予盖下车辆段层和盖上层两套规划设计条件：

（1）规划范围的盖下车辆段层用地性质调整为U2（交通设施用地）；

（2）盖上层调整为R2（二类居住用地）和R22（九年一贯制学校）。

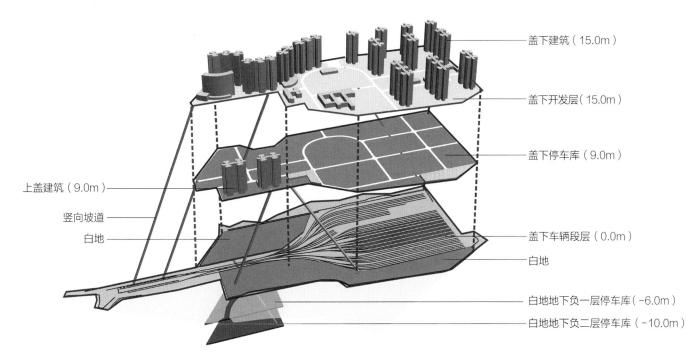

上盖建筑（9.0m）
竖向坡道
白地

盖下建筑（15.0m）
盖下开发层（15.0m）
盖下停车库（9.0m）
盖下车辆段层（0.0m）
白地
白地地下负一层停车库（-6.0m）
白地地下负二层停车库（-10.0m）

上盖层、夹层、车辆段层立体空间示意图

上盖方案比选优化

从 2013 年即组织开展多业态组合、空间集约利用、多样开发价值研究，进行多维多轮方案比选，如是否上盖开发、开发规模、开发界面、上下空间如何集约利用，研究轨道交通与物业开发的综合效益最优化等问题，进行整合分析与论证：

（1）城市景观开发方案——城市公园方案，上盖不开发，作为城市公园；

（2）低密度开发方案——"一纵一横四点四片"，十字纵横景观轴开发方案；

（3）开发价值优化设计方案——"一纵四心四片"，纵向景观轴串联四区中心四组团规划方案。

车辆段功能、上盖开发布局联动优化，上盖方案优化推演过程。

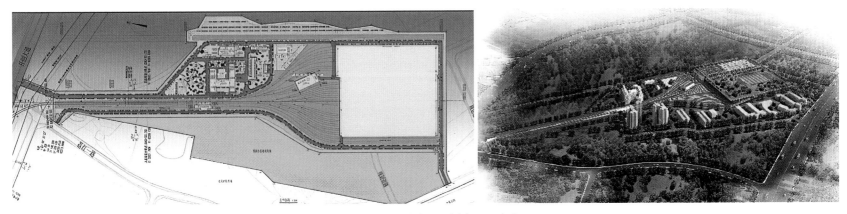

城市景观开发方案——城市公园方案

低密度开发方案——"一纵一横四点四片"

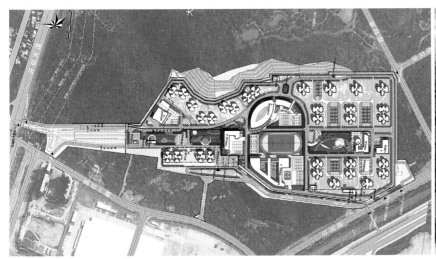 

开发价值优化方案——"一纵四心四片"

1. 预留开发及住宅户型设计

综合考虑地块外部环境因素、经济性、结构合理性、盖下工艺布局特点等，开发设计沿中轴展开，组团分区明确，西侧集中设置商业和配套等对外功能，东侧价值较高区域布置住宅。

（1）用地东部、西北部，为综合集约用地区（白地），无轨道设施，盖上建筑不受约束，但靠近道路，噪声影响较大。设计以高层住宅、紧凑型户型为主。

（2）用地南部，为运用库上盖部分，受技术条件限制建筑限高100m，且景观资源丰富，按舒适性户型标准设计。采用行列式布置，柱网基本与盖下柱网对齐，保证更好的实施性和经济性。

（3）用地北部、中部，为咽喉区上盖部分。受技术条件限制，宜进行低强度开发，布置车辆段综合楼、上盖开发的中小学、多层公寓配套等。

通过对客户定位、市场供应、竞品情况进行综合分析，确定户型设计及配比设计。户型包括二房、三房、四房等多种。

通过对基地周边及内部环境的有利因素、不利因素进行分析，将住宅组团进行地段价值细化评估。

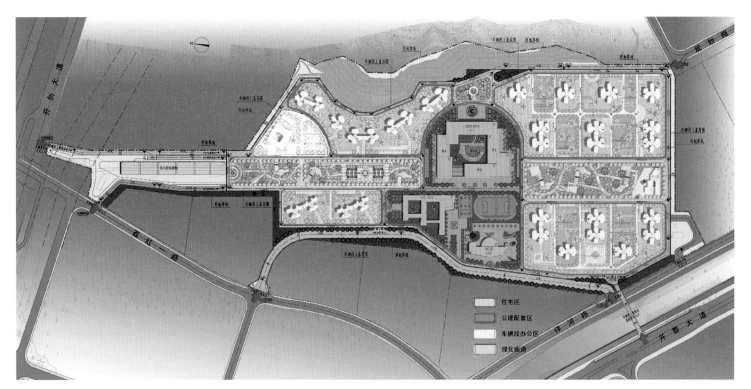

上盖开发功能分区图

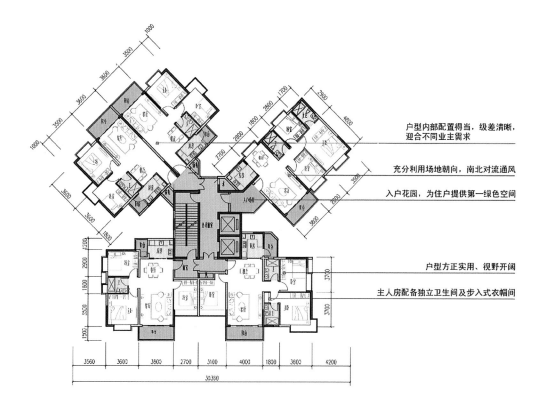

户型内部配置得当，级差清晰，迎合不同业主需求

充分利用场地朝向，南北对流通风

入户花园，为住户提供第一绿色空间

户型方正实用、视野开阔

主人房配备独立卫生间及步入式衣帽间

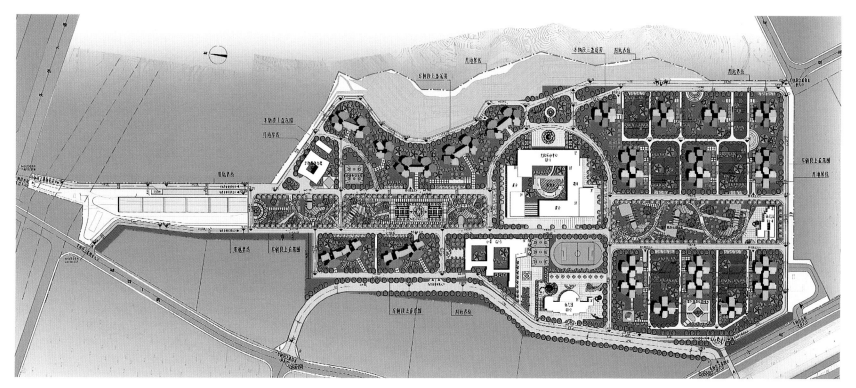

上盖开发户型配比分析图

上盖开发商业中心组团及学校方案

2．配套及商业设计

公建配套包括商业用房、小区社区服务和配套设备用房，与住宅一样在设计中主要考虑其使用功能上的需要，在满足人们日常生活、休闲需要的同时，根据其相对位置通过建筑的空间构成手法使之成为小区的形象标志和亮点。

公共建筑包括小学、幼儿园、文体活动中心及商业。

小学为三层的框架结构建筑，采用围合型外廊式布局，教室采光通风良好，并配置篮球场及 100m 直跑道运动场地。幼儿园为三层建筑，配合幼儿喜好，采用活动的平面布局，并配合绿化景观设置足够的幼儿活动场地。文体活动中心及商业采用围合式布局，并在中心区域布置小区游泳池，丰富小区生活。内部平面布局根据不同功能采用不同开间、进深，为居民提供舒适的购物、活动空间。

上盖开发高层住宅方案

上盖开发纵向景观轴方案

21.5m
15.7m
15.7m
9.8m
8.5m
5.3m
0.0m
0.3m
-4.7m

ORCHARD

3. 竖向设计

竖向设计联动优化

经过上盖方案和车辆段工艺的联动优化，车辆段盖板分为两层。

以车辆段轨面为 0.0m。主要功能为车辆段用地和白地区域的交通连接功能、沿街商业及配套功能。

第一层盖板 9.0m 标高，为车辆段盖上停车场。

第二层盖板 15.0m 标高，为上盖综合开发首层，功能为上盖物业及配套。

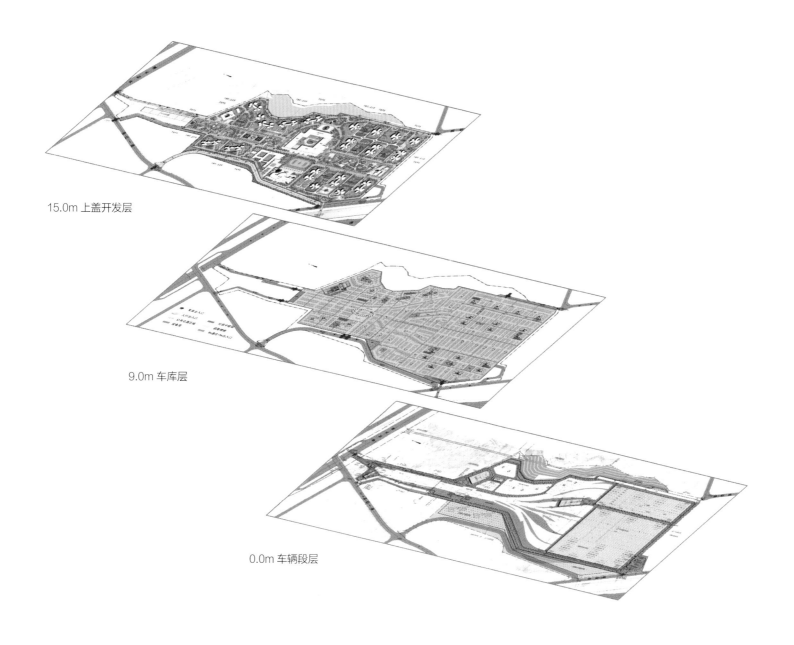

15.0m 上盖开发层

9.0m 车库层

0.0m 车辆段层

4．交通设计

地面层交通

现状车行出入口设计：

地面车辆段主要确保车辆段自身的基本功能。

用地周边现状已有开创大道、荔红一路、伴河路。项目结合周边城市道路交通，构建了便捷的外部交通系统。上盖区域共设置6个车行出入口，分别位于用地的北部与开创大道衔接，西北部、西部与荔红一路衔接，用地的西南部与伴河路及开泰大道衔接，用地的东南部与规划路衔接。

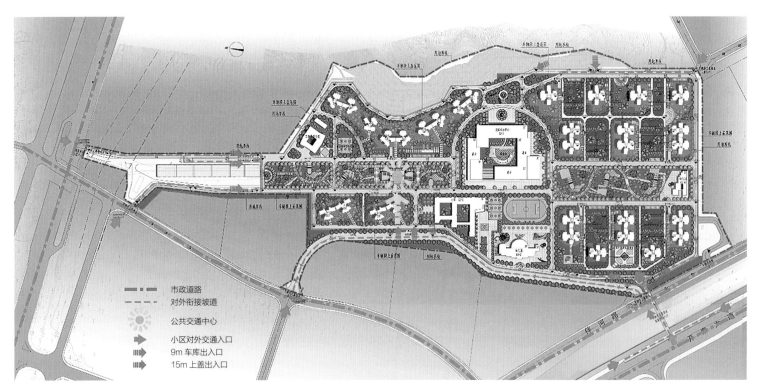

外部交通流线图

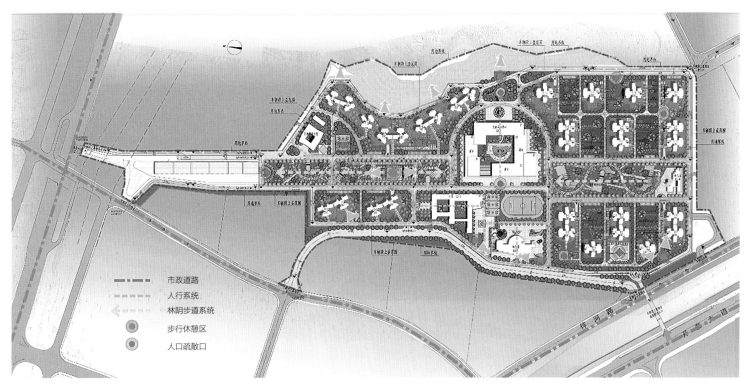

市政道路
人行系统
林阴步道系统
步行休憩区
人口疏散口

内部交通流线图

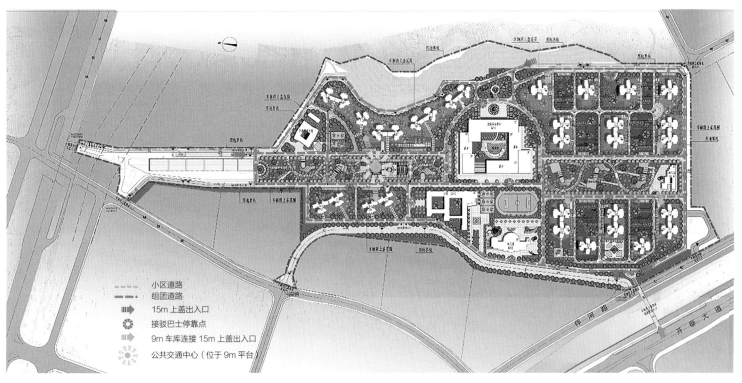

小区道路
组团道路
15m 上盖出入口
接驳巴士停靠点
9m 车库连接 15m 上盖出入口
公共交通中心（位于 9m 平台）

人行交通流线图

5. 城市界面

商业裙楼立面强调水平的连续性，层层退台，以营造良好的城市界面。楼栋连续立面在横向上表达了丰富韵律，纵向上通过材质色彩与构件分隔形成三段式。

车辆段立面与裙房采用相同的设计元素，协调相融。

商业、裙楼及车辆段共同形成建筑群的标志性，凸显项目形象。

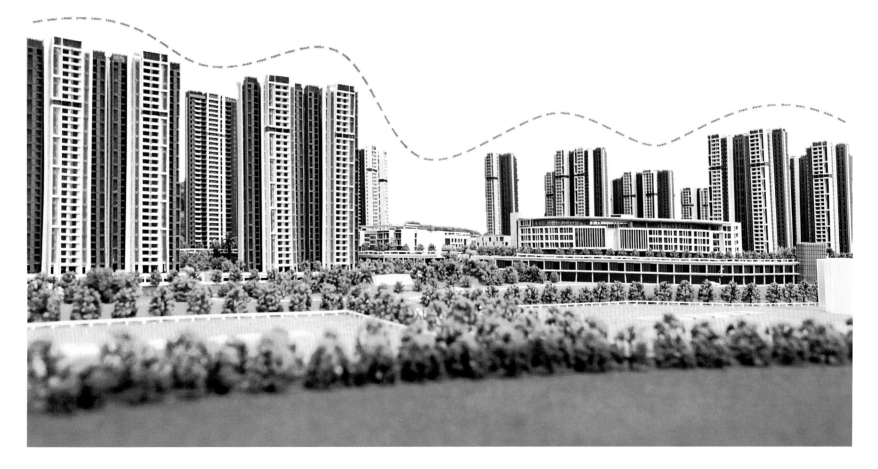

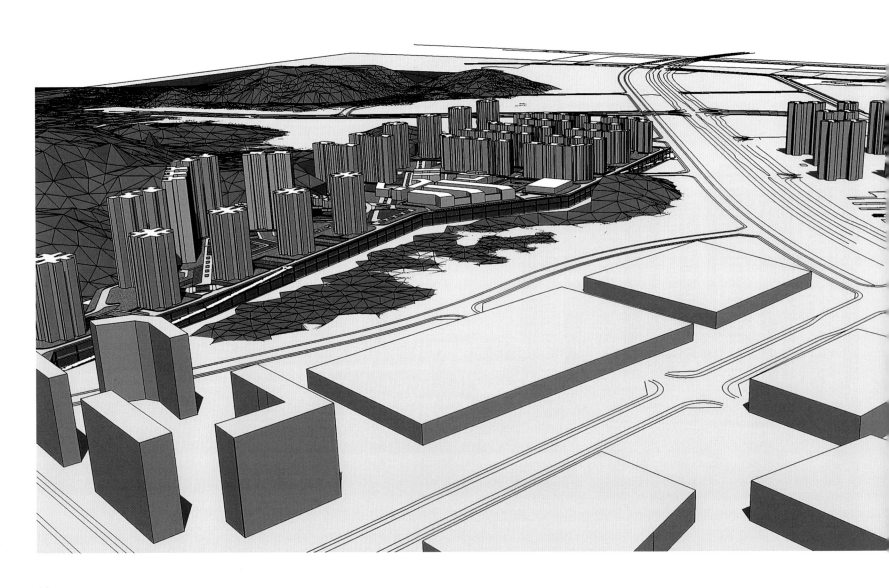

开发方案研究结论

在经过了规划、城市、经济、车辆段工艺、结构等不同维度的优化和比选后，我们从周边用地、城市景观、公共服务配套设施、市政设施、道路交通、生态环境、空间形象等全方位进行了研究分析，提出萝岗车辆段上盖开发的初步构想，最终形成一整套凸显集约利用土地资源的示范效应，符合萝岗区功能多元化的战略转向发展需求，具备良好经济效益，能够被各方认可的上盖综合开发方案。

控制性详细规划

基于车辆段自身的运营管理职能和上盖物业的合理开发及未来土地使用性质和权属不同，规划建议分别给予盖板下车辆段层和盖板上层两套规划设计条件。

将规划范围的盖下车辆段层用地性质调整为U2（交通设施用地），盖上层调整为R2（二类居住用地）和R22（九年一贯制学校）。

控制性详细规划的编制，为萝岗车辆段上盖的用地出让和二级开发提供了政策支撑和设计依据，2012年上报调整后用地面积30.81公顷，开发总建筑面积58.28公顷，容积率2.16。

广州科学城第二期用地控制性详细规划（萝岗上盖综合开发）

2.2 同步实施工程

主要工作内容

本阶段主要工作为两部分：①编制轨道交通车辆段修建性详细规划与上盖开发预留方案，上报主管部门批复；②车辆段主体与盖板同步实施完成建设，上盖开发土地出让完成。

1. 车辆段建设与土地整理条件预留

车辆段如期开通投入运营，同步完成盖板预留建设和三通一平及市政接口条件。

2. 土地整理空间分层确权

（1）确定了分层确权出让的原则，明确了界面划分的范围。车辆段为交通站场用地，车辆段上盖物业为二类居住用地及教育设施用地。

（2）根据预留的上盖开发方案，完成车辆段修建性详细规划的审查及上盖开发规划条件审查。批复明确了上盖二级开发的用地规模、主要组成功能建筑的控制建筑面积指标、建筑高度及公建配套标准等。

用地由土地开发中心收储后通过公开招拍挂的形式出让，并明确出让所附带规划条件约定限定性指标及限定性方案。

轨道交通车辆基地建设

广州轨道交通六号线二期萝岗车辆段以"集约可持续发展、资源综合利用、绿色节能"为设计思路，积极开拓探索。

采用车辆段与上盖开发一体化设计模式，解决带上盖开发轨道交通车辆基地的功能转换、空间优化控制、消防安全、分期建设的永临结合等难题与综合控制关键技术问题，确保运营安全，为后续开发提供良好预留条件，并采用带上盖开发轨道减振降噪措施、绿色节能设计、结构隔震、盖上结构框支转换等创新技术。

集约用地、空间优化

（1）因地制宜确定车辆段尽端式总图布置方案，同时兼容L型车与B型车的停放检修功能，盖板下采用综合支吊架形式，减少管线交叉碰撞。

（2）停车规模最大远期停车能力75列，为了满足收发车能力，预留了第三条出入段线接远期延伸线路，确保后续线网集约可持续发展。

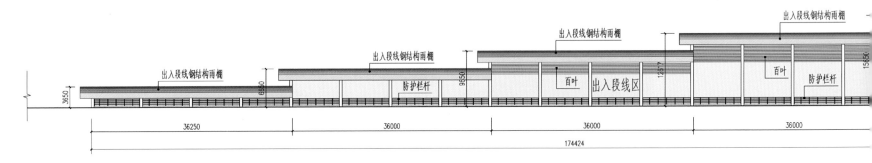

轨道交通车辆段纵轴竖向分层示意图

（3）在建筑设计方面遵循集中与分散相结合的原则，在满足功能和工艺要求的前提下，优化和整合生产维修楼与香雪主变电站、调机与工程车库、检修库与运转综合楼、物质库等功能，集约用地并一体化考虑整体空间。

（4）综合比选后确定试车线长度为1120m，北端约有720m位于隧道内，以减少对周边环境与居民的扰动。

萝岗车辆段占地面积约为30.71公顷，总建筑面积为13.05万m²，共设11座建筑，包括检修库、运用库、生产维修楼、物资总库、调机与工程车库、后勤服务楼、污水处理、杂品库等必要的生活配套设施；同步建设实施包括上盖开发平台21万m²及2条市政匝道。

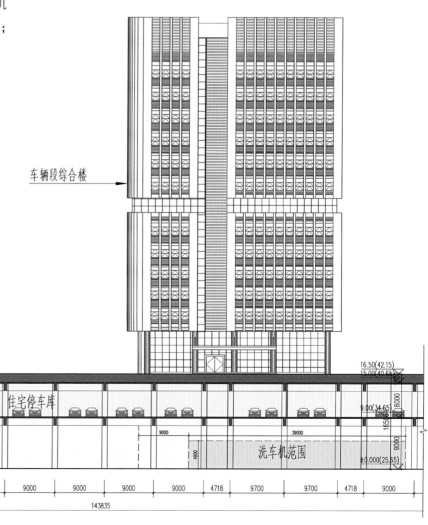

车辆段综合楼

车辆段及上盖开发空间叠合示意图

14.0m 以上上盖开发物业

8.5m 上盖开发车库

0.0m 上车辆段空间

上盖开发与萝岗车辆段综合基地同步建设，主要为 8.5m 盖板及 2 条市政匝道，同时在萝岗车辆段与上盖开发白地之前预留建设接口，如出入段线西侧上盖二级开发盖板与车辆段衔接，考虑盖下架空的柱网及基坑的开挖，其支护及柱子基础部分同步实施。

萝岗车辆段为带上盖开发车辆段，设计界面采用立体分层。以规划条件的上盖开发用地红线，总用地 31.23 公顷。

（1）车辆段场坪标高 0.0~8.5m 及生产维修楼为车辆段使用空间；

（2）盖板标高 8.5m 及以上部分为上盖开发使用空间；

（3）盖板东西两侧白地（绿色、红色）均纳入开发收储用地，作为上盖开发使用空间。

车辆段生产维修楼上盖效果图

开发预留设计效果图

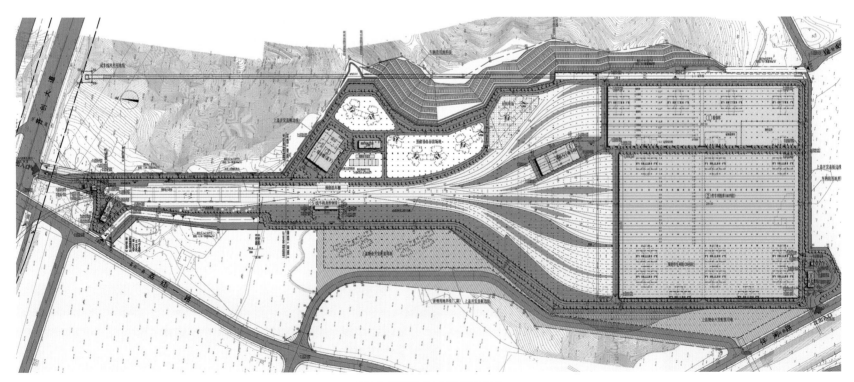

盖下车辆段整合后总平面方案

上盖开发策划方案与开发预留设计

2015 年根据规划条件、市场策划，对上盖开发进行迭代，不断提升公共配套服务与开发价值。

1. 总平面布局

延续一轴一横四片的规划结构，总建筑面积规模不变，中北部设 2 层商业风情街（出入段线上方）、中部设点式洋房组团，学校考虑对外辐射公共服务，设置在用地西、南侧。

2. 公共教育设施

根据规划条件要求，教育配套设施配置 9 班及 15 班幼儿园，45 班九年一贯制学校及体育场。

3. 多样化产品策划

根据策划，设置丰富的住宅、商业产品，提升开发价值。

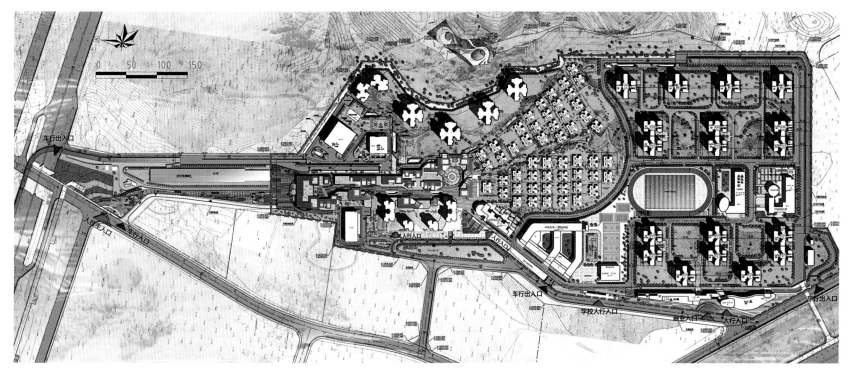

一带环六区方案总平面

多元业态与产品设计

基于一级土地整理方案研究基础，针对市场环境变化与发展进行策划更新，与时俱进的产品设计与多元业态更新。

用地东部及西部，综合集约用地区（白地），东部为超高层住宅，西部靠近荔红一路，设计为高层复式住宅。

用地南部，为运用库、检修库上盖，受技术条件限制建筑限高100m，沿用行列式布置，更新户型产品，盖板上下柱网对齐，保证预留实施性。

用地中部，为咽喉区上盖部分。受技术条件限制，进行低强度开发，调整为车辆段运转楼、后勤服务楼、上盖开发中小学等配套、低层住宅等。

根据时间迭代及时更新开发策划，对客户定位、市场需求、开发产品、投资与收益等情况综合分析与评估，确定预留户型设计及配比。户型包括二房、三房、四房、复式、别墅等多种户型。

分析基地周边及内部环境的有利因素、不利因素，将住宅组团进行地段价值细化评估，并开展经济比选分析，合理预留开发条件，确保开发同步预留实施。

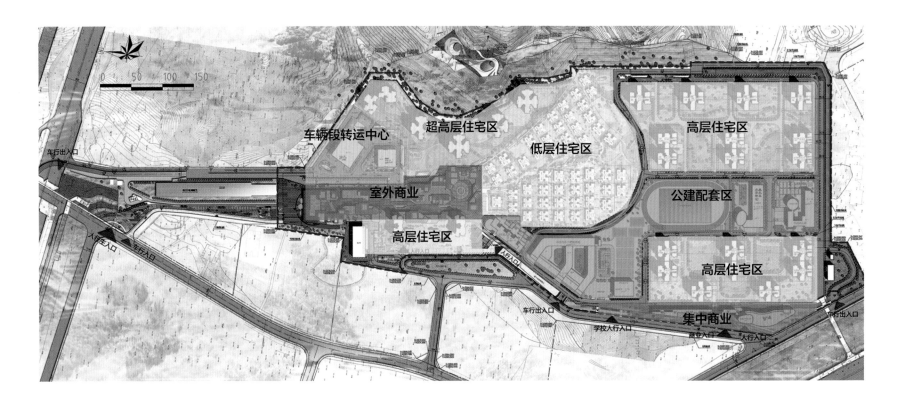

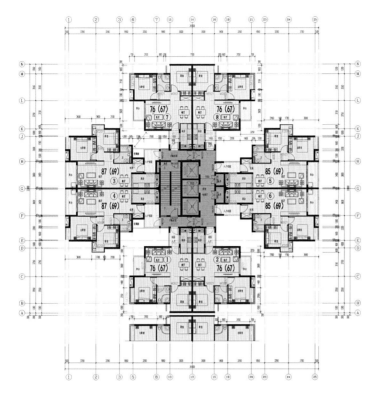

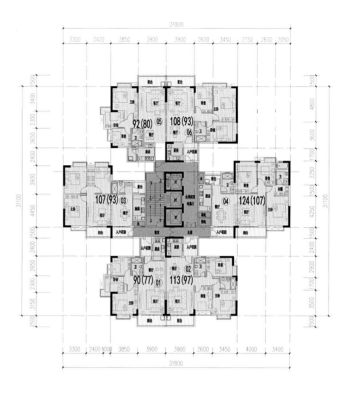

户型	两房			三房			四房	复式		别墅		合计
	两房一卫	两房一卫 (2+1)	两房两卫 (2+1)	三房一卫	三房两卫	三房+两卫	四房+两卫	三房两卫	三房两卫	四房四卫	四房四卫	
区间范围	65~70㎡	80~85㎡	85~95㎡	80~85㎡	90~110㎡	100~125㎡	130~145㎡	100~110㎡	110~120㎡	170㎡	210㎡	
套数总和	39	78	1079	79	901	2122	438	75	4	70	34	4919
套数比例	0.79%	1.59%	21.94%	1.61%	18.32%	43.14%	8.90%	1.52%	0.08%	1.42%	0.69%	100.00%

萝岗车辆段上盖开发住宅明细汇总（全）

商业区方案效果图

别墅区方案效果图

住宅方案效果图

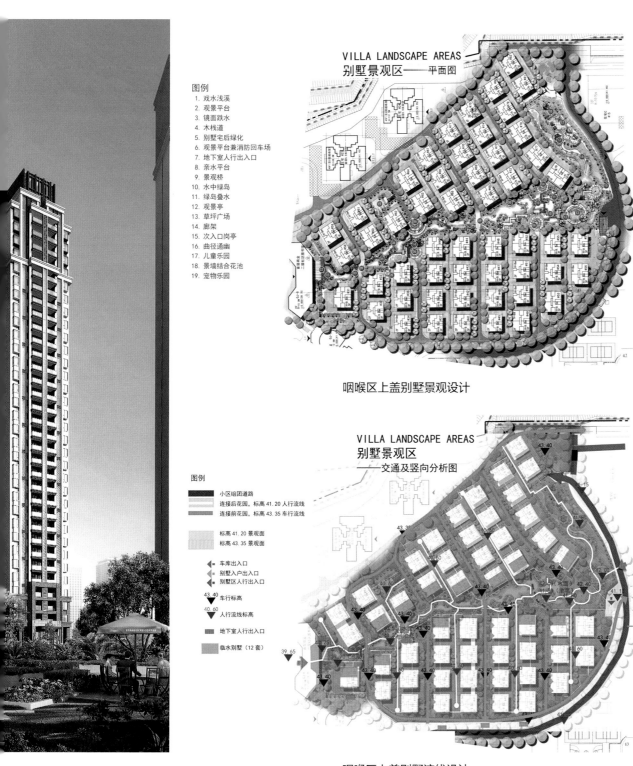

图例
1. 戏水浅溪
2. 观景平台
3. 镜面跌水
4. 木栈道
5. 别墅宅后绿化
6. 观景平台兼消防回车场
7. 地下室人行出入口
8. 亲水平台
9. 景观桥
10. 水中绿岛
11. 绿岛叠水
12. 观景亭
13. 草坪广场
14. 廊架
15. 次入口岗亭
16. 曲径通幽
17. 儿童乐园
18. 景墙结合花池
19. 宠物乐园

VILLA LANDSCAPE AREAS
别墅景观区——平面图

咽喉区上盖别墅景观设计

图例

■ 小区组团道路
■ 连接后花园，标高41.20人行流线
■ 连接前花园，标高43.35车行流线

标高41.20景观面
标高43.35景观面

◀ 车库出入口
◀ 别墅入户出入口
◀ 别墅区人行出入口

43.40 车行标高
40.60 人行流线标高

■ 地下室人行出入口

■ 临水别墅（12套）

VILLA LANDSCAPE AREAS
别墅景观区
——交通及竖向分析图

咽喉区上盖别墅流线设计

73

45 班九年一贯制学校效果图

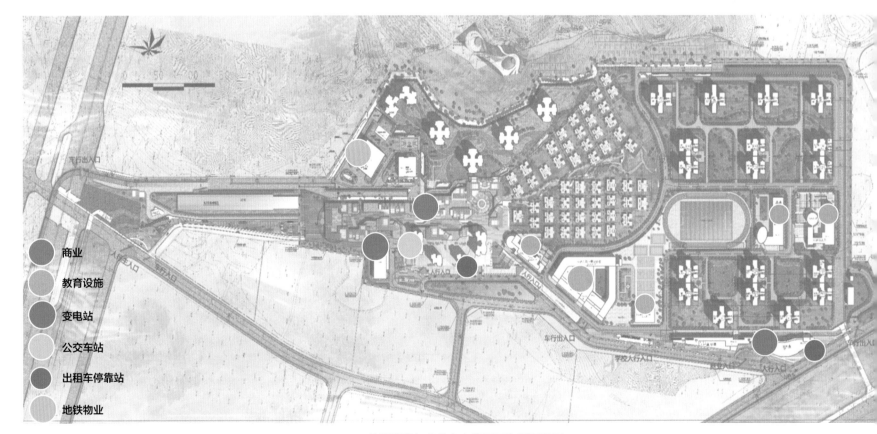

商业

教育设施

变电站

公交车站

出租车停靠站

地铁物业

公建配套与商业布点总平面布置示意图

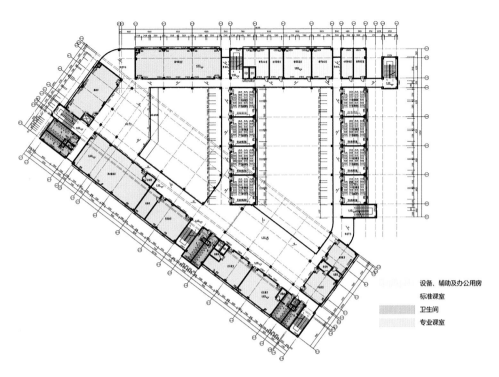

设备、辅助及办公用房
标准课室
卫生间
专业课室

45 班九年一贯制学校方案

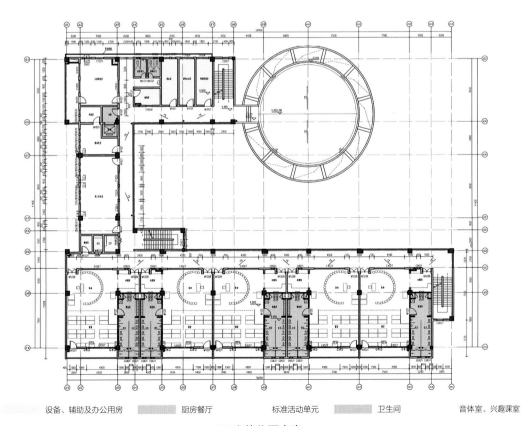

设备、辅助及办公用房　　厨房餐厅　　标准活动单元　　卫生间　　音体室、兴趣课室

15 班幼儿园方案

4. 配套及商业设计

规划按照广州市居住区公共服务设施设置标准，在拟选址地块内进行公建配套，满足居住人口的需求。

依据广州市居住区公共服务设施设置标准，每 100m² 住宅建筑配套公建建筑面积不得少于 6m²，则需配套公建面积 53100m²。

开创大道

香雪站

开泰大道

伴河路

规划路

荔红一路

| ▬▬▬ 已有市政路 | 规划路 | - - - 上8.5m匝道 | 上14m匝道 | 远期匝道 | ◢ 车行出入口 |

上盖开发对外交通组织（图中数字代表车行出入口）

| 电瓶车、自行车道 | - - - 人行步道 | 商业步道 | ➡ 社区人行入口 |

上盖开发慢行交通（图中数字代表人行出入口）

功能分区与交通组织

功能界面划分原则

（1）竖向分区：0.0~9.0m 盖板之间为车辆段使用空间，9.0m 以上为盖上车库使用空间，15.0m 以上为上盖开发使用空间。

（2）平面分区：东北区域为车辆段区域，其余均为上盖开发使用区域。

依据交通评估等专项报告开展初步设计，提资交通、市政接口同步实施，进行开发预留建设。

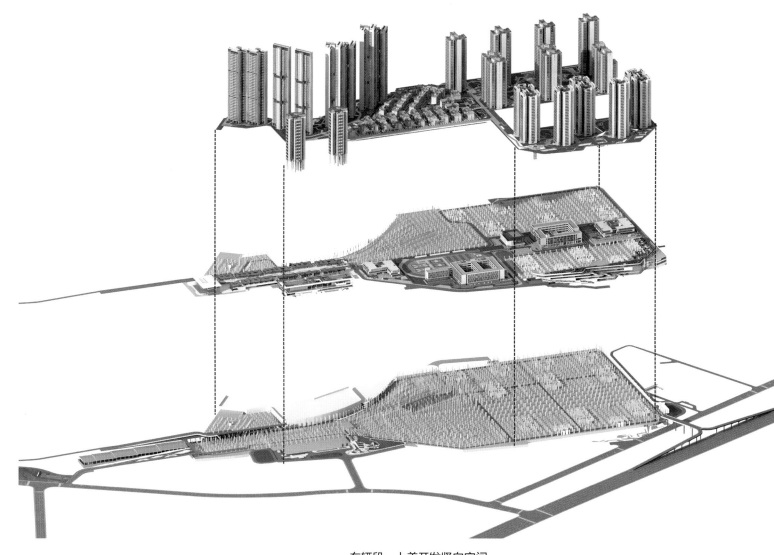

车辆段、上盖开发竖向空间

主入口景观方案

景观匝道景观方案

住宅街区景观方案

别墅水系景观方案

景观绿化设计

设计特点

一带：从荔红一路延伸向大公山山体公园的景观主轴线，从热闹的城市生活过渡到悠闲的山畔生活，凸显本项目特色。

既享受便利的现代生活，又兼有原生态的自然乐趣

一环：环园的景观大道，结合园区的主干道，给社区居民营造一条长约 2km 的健身慢跑道，以绿道的形式展现社区生态、健康、艺术的居住理念。

六区：入口景观区；商业景观区；别墅景观区；高层住宅景观区；公建配套、学校景观区；大公山山体公园。

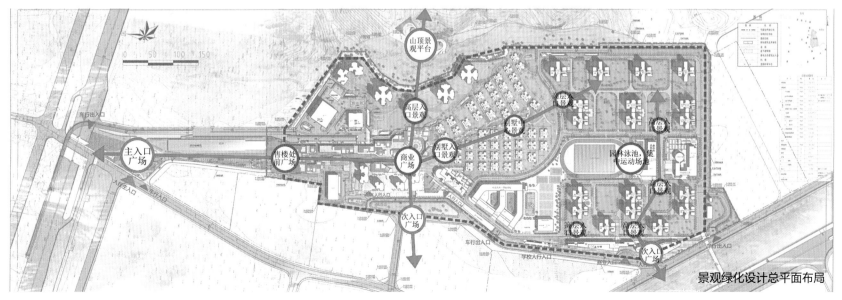

景观绿化设计总平面布局

2016 年建成的车辆段及同步实施工程实景图

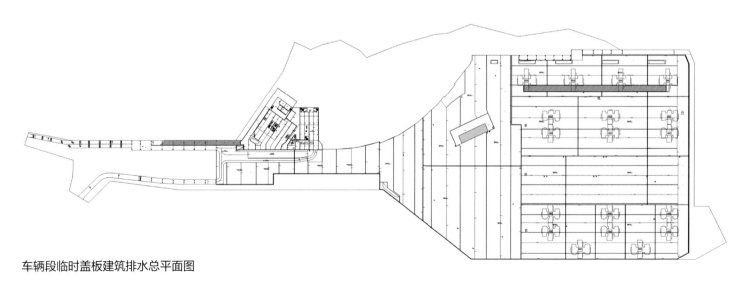

车辆段临时盖板建筑排水总平面图

盖下车辆段自然通风口景观实景图

带上盖开发车辆段同步实施盖板建筑预留关键技术

带上盖开发车辆段同步实施盖板建筑设计既要考虑近期地铁建设，又要考虑远期物业开发的需求，车辆段同步实施盖板预留技术显得尤为重要，主要包括以下几点：

1. 提升盖板开发价值

首层盖板用地范围与规模的确定需结合盖下车辆段的站场、轨道布局联动设计，主要包括研究车辆段试车线、杂品库、牵引变电所等生产设施优化组合及上下对位，集约车辆段平面布局，确定开发盖板用地范围，腾留开发最大白地方案，并考虑物业开发施工顺序及分期开发要求，达到预留的包容性和多变性。

2. 高大空间叠合优化

为降低盖板城市空间的高差，在盖板设计时需结合盖下车辆段因生产与检修的局部升起突出盖板标高的高大空间进行空间整合，避免形成负面空间，主要包括工程车库、检修库与上盖开发车库叠合，盖上车库与盖下柱网空间转换优化等。

3. 盖板构造永临结合

考虑到同步实施盖板开发前为车辆段屋面板，开发后转变为车库楼板，需兼顾生产安全与开发的经济合理平衡。8.5m 盖板采用一级防水措施，盖板分区域采用不同的建筑找坡形式：盖上车辆段使用区域采用 0.3% 找坡，出入段线、咽喉区采用 1% 结构找坡 +0.5% 建筑找坡，库房区采用 0.2% 结构找坡 +1.3% 建筑找坡，并在盖板边缘设置泄水孔，以解决 21 万 m² 8.5m 盖板开发前建筑的排水，盖板找坡层在开发建设时成为盖板保护层，减少对车辆段运营的干扰。

4. 盖板分期实施的接口与保护

萝岗车辆段同步实施盖板设计时需在满足远期物业开发的前提下进行前瞻预留保护与接口，萝岗车辆段在咽喉区两侧同步建设开发用地的一跨柱网，避免分期开发时基础开挖对车辆段车辆运行的扰动，同时确保车辆段内部道路的正常通行。

盖下车辆段库房与道路空间实景图

车辆段盖板与开发预留边柱接口实景图

盖下车辆段列检线

盖下车辆段检修库空间实景图

盖板层高控制创新

2014年11月设计项目组以一体化空间合理利用为目标，在满足工艺及运营使用需求的前提下，对盖下库房的层高进行优化，在工艺、接触网、通风空调、供电、建筑、结构等专业协同努力下，车辆段库房高度由常规的9.0m层高压缩到8.5m层高，实现降本增效。

1. 层高控制

（1）工艺对盖板高度要求：根据上盖方案，车辆段盖板分为两层，第一层盖板顶面标高9.0m，第二层盖板顶面标高15.0m，以车辆段轨面为0.0m。

（2）临修库有10t起重机，物资库立体货架净空要求较高，这两处库房需直接建设到15.0m盖板，其余库房均可在9.0m设置盖板。

（3）采用一体化空间设计开展优化，车辆段工艺、土建、机电等专业整合空间，第一层盖板空间由9.0m压缩至8.5m，第二层盖板由15.0m压缩至14.0m，节省投资并为上盖开发创造有利条件。

车辆段主要高度尺寸表（m）

项目位置	工艺净空要求	结构厚度（含梁、板）	风道与机电安装	第一层板顶面标高
停车运用库	6.5	1.5	1	9.0
检修库（除临修库）	6.5	1.5	1	9.0
临修库	11	2	1	15.0
物资库	12	2	1	15.0

三线跨车辆段空间实景图

一线跨车辆段空间实景图

集约后的开发白地与预留开发边柱实景图

2. 空间叠合

（1）盖下布局、车辆段与上盖开发功能对位，不同建设时序要求统筹设计功能整合布设，立体交通组织、消防、环境、绿化等一体化设计，营造一个环境优雅的生态型区域，有效减少粉尘，满足规划对场段开发综合体的城市设计要求，注重生态环境与保护。

（2）结构选型采用剪力墙部分落地方案，从经济性、技术可行性等多个方面系统比选，最终采用一线一跨组合模式，以减少占地面积，集约利用土地。

经过工艺、建筑、结构等多个专业协调优化整合，萝岗车辆段与未开发车辆段，整合开发白地5.31公顷，为后续萝岗车辆段上盖开发土地出让创造了良好的用地条件。

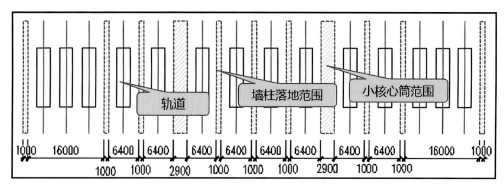

车辆段轨道与预留结构核心筒、柱网组合布置图

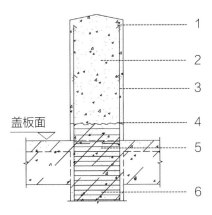

墙柱顶预留钢筋节点

1- 钢筋头预留套筒连接螺纹，并做好保护，避免远期凿除混凝土时破坏螺纹；2- C15 发泡混凝土包裹；3- 预留长短钢筋；4- 按下层墙柱混凝土等级浇筑至 H+0.3m；5- 下层墙柱多出纵筋在柱内弯锚；6- 框架柱 / 剪力墙

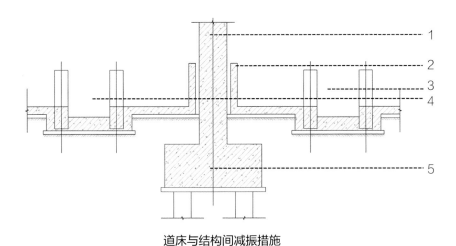

道床与结构间减振措施

1- 盖板框架柱；2- 与盖上柱子脱开设计；3、4- 轨道道床；5- 基础

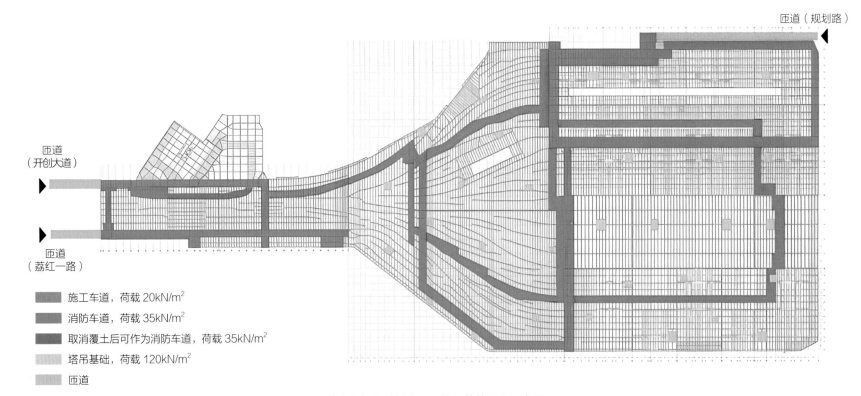

匝道（规划路）

匝道（开创大道）

匝道（荔红一路）

施工车道，荷载 20kN/m²

消防车道，荷载 35kN/m²

取消覆土后可作为消防车道，荷载 35kN/m²

塔吊基础，荷载 120kN/m²

匝道

萝岗车辆段盖板分区及施工荷载预留示意图

带上盖开发车辆段同步实施盖板结构预留关键技术

一般情况下车辆段 TOD 上盖物业开发在建设时序上可能滞后于地铁建设，车辆段设计大多是以地铁建设为主导，为了保证地铁通车的工期，在未取得各部门审批许可的条件下先行确定物业开发条件，以满足车辆段开工建设的需要，因此必须实施盖板预留，主要关键技术包括以下几点：

1. 施工荷载预留

首层盖板需考虑远期物业开发施工时的施工荷载，主要包括施工车辆段通行荷载、施工材料堆载、塔吊荷载、混凝土支模浇筑荷载等，还要考虑物业开发的施工顺序及分期开发要求。

2. 结构接口预留

为保证二级开发施工的可实施性，在盖板设计时需考虑结构接口预留，主要包括柱头接口预留、盖板基础预留、盖板与工艺轨道接口预留、盖板与白地接口预留、电梯坑预留等。

3. 冗余设计

在后期物业方案稳定的过程中，输入条件进行数次修改。对此，需要在盖下结构设计时进行一定的包容性设计，为后续上盖物业开发方案留有一定调整余地。萝岗车辆段运用库在工艺及限界允许范围内的核心筒剪力墙可直接落地，在核心筒周边预留转换柱，上部住宅除核心筒外，其余房间的户型可以调整。

4. 限额设计

萝岗车辆段同步实施盖板设计时需在满足远期物业开发的前提下，在结构荷载预留富余度和结构成本中寻求平衡，经测算，萝岗车辆段盖板单方结构成本在广州车辆段盖板中处于较低水平。

5. 结构减振降噪措施

为避免盖下车辆段振动对盖上建筑的不利影响，对库房区车辆段底板与主体结构框架柱采取设置变形缝脱开 + 轨道减振的处理措施，阻断向上传递路线，经实测减振降噪效果良好。

盖下风机包裹降噪材料

盖上风亭

道岔区减振垫

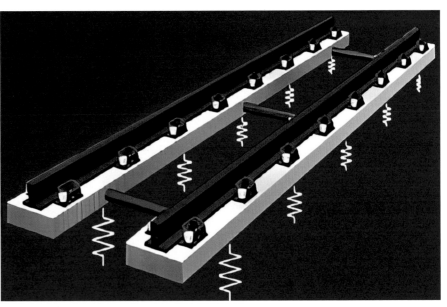

试车线梯形轨枕

轨道减振降噪

1. 减振措施

（1）道岔区减振垫：咽喉区道岔距离盖上建筑15m内设碎石道床减振垫，减振效果6~10dB；

（2）库内线减振：全范围设置高弹性垫板扣件，减振效果1~3dB；

（3）试车线减振：设置梯形轨枕碎石道床，减振效果6~10dB。

2. 降噪措施

（1）盖下风机包裹降噪材料，减少风机噪声10dB(A)以上。

（2）盖上风亭设置顶板和消声百叶，有效减少降噪对建筑的影响。

3. 实测结果

经抽样实测，盖下轨道交通运营时，盖上建筑室内振动和室外噪声均满足国家振动和噪声标准要求。

防雷接地

上盖物业开发与车辆基地的防雷接地系统需相互连通，接地电阻不大于1Ω。车辆段及上盖物业开发均按照二类防雷建筑设计，车辆段接地装置采用人工接地网与自然接地体相结合的方式。自然接地体由桩基主筋、承台主筋、结构梁主筋等建筑物结构主筋组成。

盖板同步实施工程需预留好防雷引下线，并进行包容性设计：

（1）盖板下的建筑按要求的间隔布置防雷引下点，并沿盖板外檐敷设接闪器，盖板下的总体接地电阻不大于1Ω；

（2）在盖板的上部与物业开发接口处预留防雷引下的条件：柱子内选取2根结构主筋作为自然接地体，下与承台、桩基作为自然接地体的主筋相连，柱头上方预留接地钢板与柱内作为自然接地体的结构主筋相连，并按要求为上盖物业开发预留防雷接地测量端子，并做好标记及保护措施。

同步实施用地北端车辆段道路上空高架桥梁

同步实施紧邻车辆段试车线高架桥梁

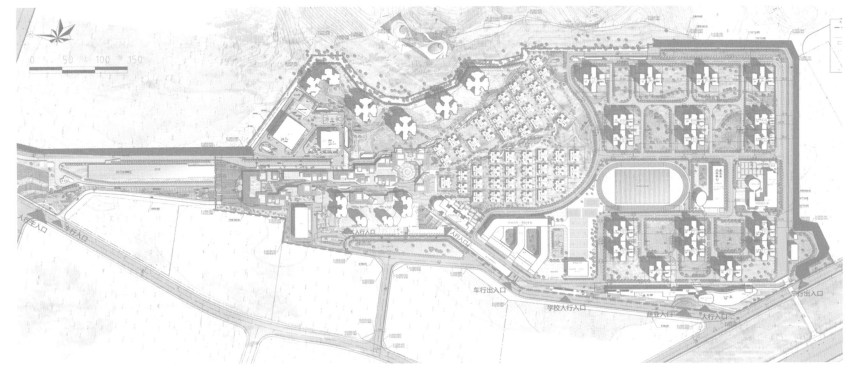

同步实施上盖开发市政桥梁

桥梁专业预制、现场快速化拼装

为了解决过去城市桥梁建造采用现浇工艺带来的诸多不利影响，萝岗车辆段桥梁工程上部结构采用专业化工厂预制、现场快速化拼装的建造技术。该技术减少了现场施工作业量，进而减少了环境影响，减少了施工人数，且降低了安全风险，缩短了施工工期，还减少了对繁忙交通的影响，在解决建设和民生矛盾的基础上大幅提高了整体经济效益。

萝岗车辆段与综合基地共设 6 处桥梁（同步实施 2 处），车辆段专业接口非常多，各专业间的交叉配合协调也非常多，边界条件极其复杂，施工技术要求较高，场内的 6 座桥梁结合现状地形地物，因地制宜采用预制空心板结构 + 下部结构现浇方案。

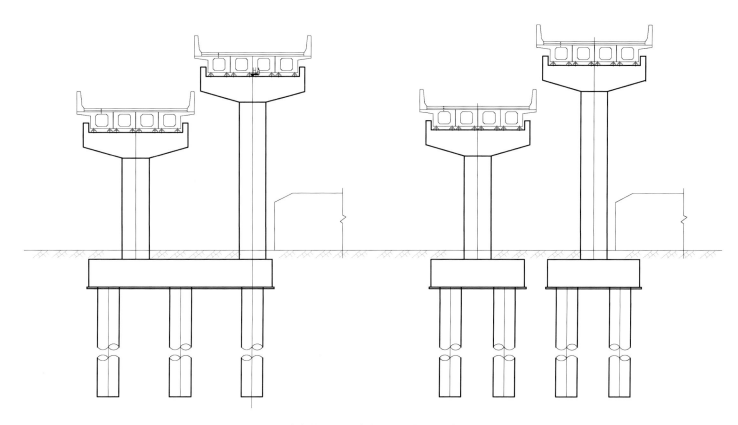

同步实施上盖开发市政桥梁剖面示意图

机电设计关键技术

1 盖板排水系统

盖板面积达到 21 万 m^2 量级，采用常规的重力排水系统需要设置较多的竖向管道和雨水斗，且盖下库房地面需要设置排水重力管道，库房内系统复杂，净高有限，难以采用常规重力排水系统。

采用虹吸式屋面排水系统，库房悬吊管可平坡敷设。屋面雨水斗的数量相对较少，仅需在库房边柱设置竖向立管，相同的流量所需要的管径更小，安装美观，节省空间。

2 盖板坡度

盖板结构坡度一般为 0.2%，从分水线坡向雨水天沟，汇水长度约 20m，天沟内设置虹吸雨水斗。

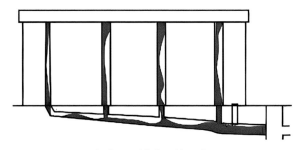

重力式屋面排水系统示意图

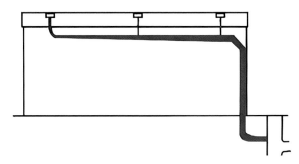

虹吸式屋面排水系统示意图

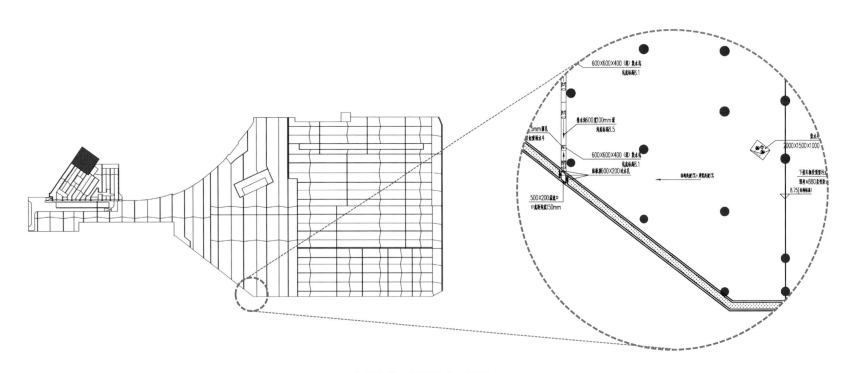

车辆段临时盖板排水布置图

盖下检修库与平交道管线布置图

三线跨列检库管线

车辆段边跨竖向管道预留

③ **盖板集水井**

根据二级开发方案，在核心筒电梯下预留有集水井，供二级开发阶段使用。

同时，上盖物业开发后，新建车库位于盖板上，原虹吸雨水斗坑可用车库的集水井，内部设置小型潜污泵。

④ **竖向管道预留**

为实现二级开发阶段排水系统的落地，并连接至市政系统，减少二级开发阶段对车辆段内运营的影响，在车辆基地设计及施工阶段，提前预留了部分竖向排水管线，并提前接驳至市政排水系统。

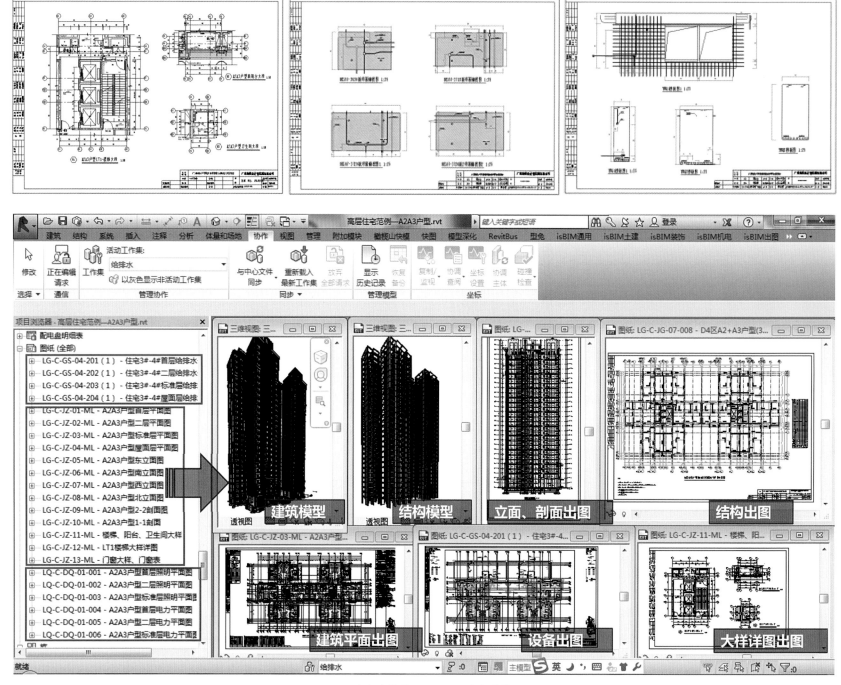

Revit 中心文件的 PC-BIM 多专业协同

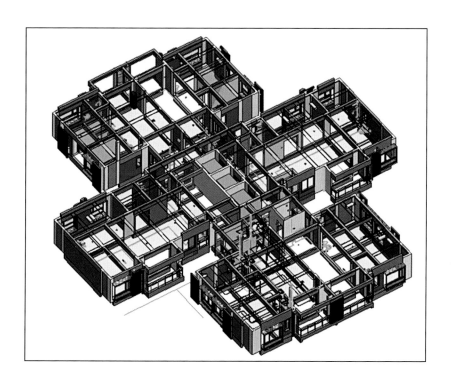

住宅的 PC-BIM 协同设计

以住宅的 BIM 协同设计为例。设计师在项目开始时即可在网络上设置好权限，通过 Revit 的协同功能建立中心文件，完成户型模型建立并开始定制化调整，依据 PC-BIM 工作流程进行预制装配优化设计。

在 PC-BIM 设计中以"特征尺寸模式化、结构典型化、构件通用化、参数系列化、组装积木化"为指导思想，在建筑设计的特性化和标准化中寻求平衡点。

方案确定后，开始进行多专业整体模型深化设计。中心文件协同设计可以在设计过程中避免碰撞问题，也大大提高了提资效率。在确保整体设计深度和准确度之后，则开展构件深化设计、关键部位（如厨房、卫生间、节点位置）、预留孔洞的精细化设计，并在设计完成之后，在 Revit 中完成出图。

精 细 化 设 计

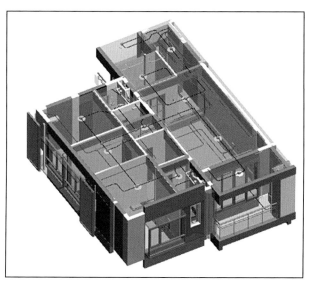

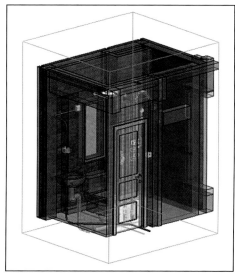

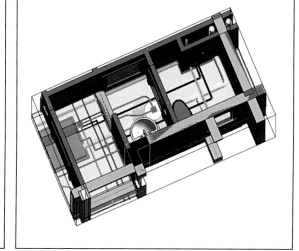

PC-BIM 预制构件精细出图

96

专题研究与论证

- 上盖开发模式与经济分析研究
- 交通一体化研究
- 结构一体化体系研究
- 消防一体化专题研究
- 减振与降噪研究
- 分期开发综合管廊的预留措施
- 伸缩缝与盖板防水研究（一级开发）

- 车辆段与上盖开发界面划分研究
- 盖板车库空间优化专题
- 上盖开发项目竖向设计与衔接专题
- 上盖开发厌恶性设施设计专题
- 车辆段与上盖开发防坠落专题
- 上盖开发后同步建设设施修复与提升
- 品质提升专项设计

2.3　二级市场开发

预留 27 班小学方案

自持租赁高层住房方案

45 班中小学与体育场实景图

45 班中小学、体育场与自持住房实景图

项目开发地块公开出让后,确定以联合方式进行开发,按迭代的市场开发策划及规划条件变化进行方案调整及细化,结合市场变化对开发的业态多样性进行调整,提高开发效益,降低运营管理成本,提升区域活力。

行布置,自持租赁组团相对独立设置。

2. 九年一贯制学校用地增加预留改扩27班小学

二级开发教育组团 SD0207 地块用地增加预留 27 班小学作为公共服务设施,并由教育部门为主体实施建设。我们沿文化教育纵轴布置,在体育馆南侧预留了由教育部门自筹自建的 27 班用地及建筑,教育组团整体布设,延续校区整体风格。

开发条件调整

1. 住宅增加自持租赁用房

二级开发条件增加了自持租赁住房建筑面积 106000m²,根据功能在项目西南端组团进

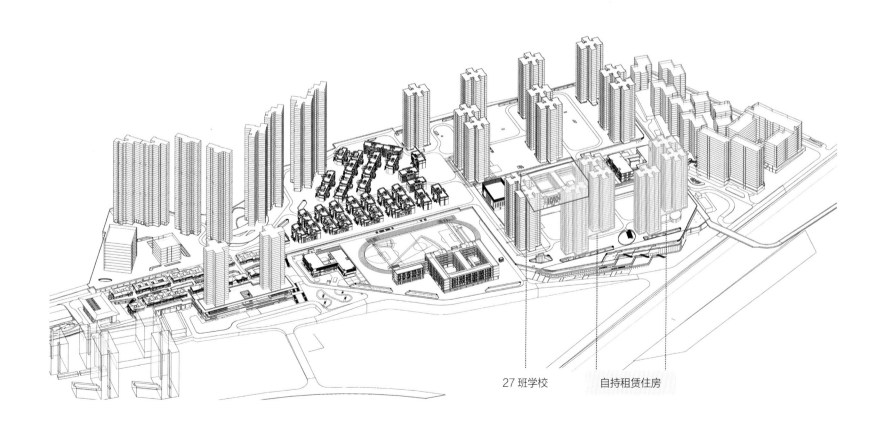

27 班学校   自持租赁住房

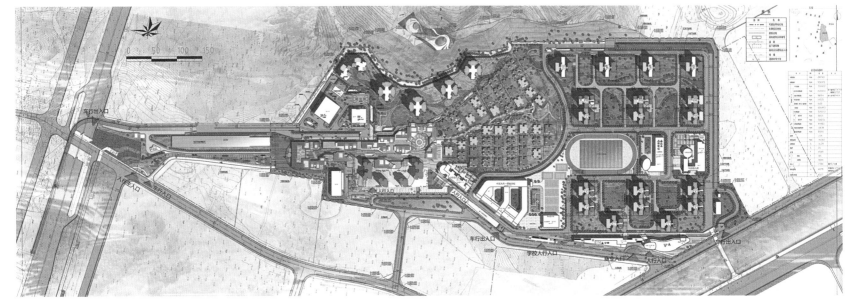

同步实施阶段户型分布图

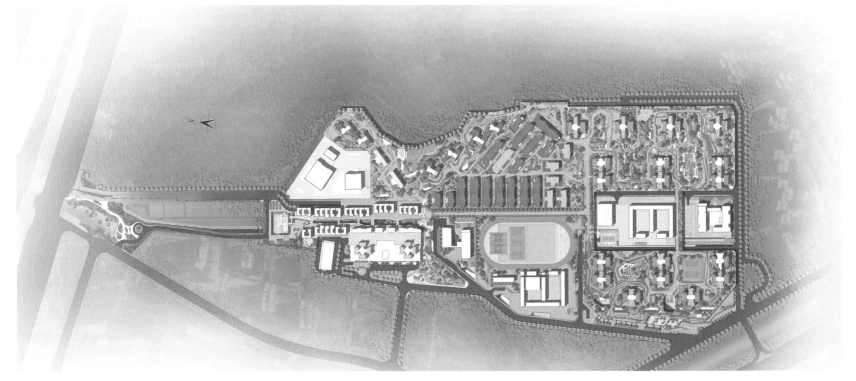

二级市场开发阶段户型分布图

市场策略调整

1. 教育组团竖向区位调整

教育组团竖向标高调整到 8.5m 盖板，考虑教育配套的城市公共配套服务属性，引入市政道路，并通过各类交通流线组织，设置平台及竖向交通核与 14.0m 盖板上盖物业层联系，人、车流线互不干扰，并丰富社区慢行系统与景观交互设计。

2. 户型产品调整

场营销对户型产品调整。对比一级方案，二级方案整体户型配比根据市场环境进行了调整，对应调整了白地上楼栋布置和盖板上楼板形态，增加了商业及洋房的开发层数。

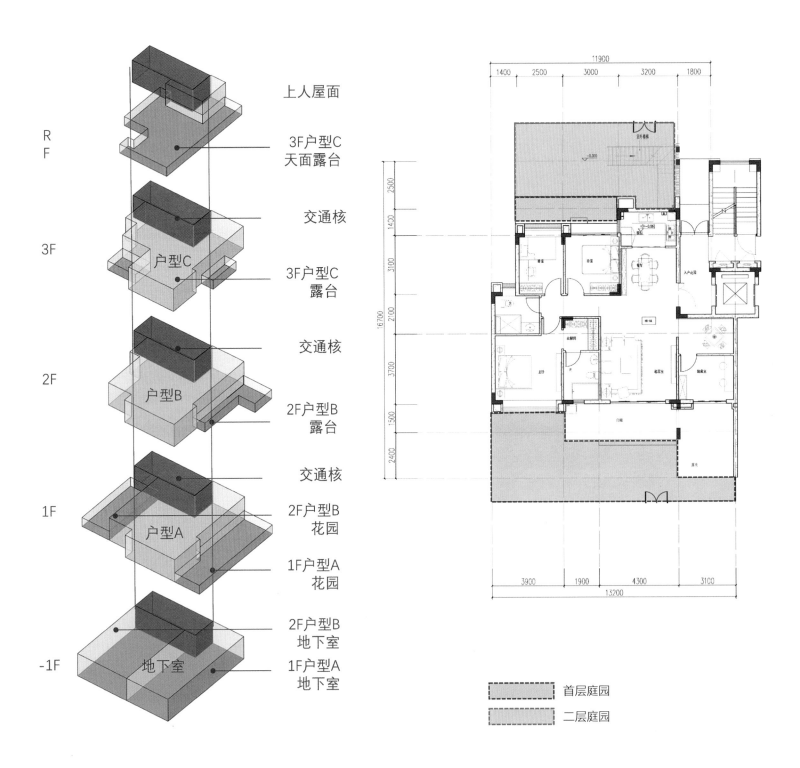

上人屋面

R
F

3F户型C
天面露台

交通核

户型C

3F户型C
露台

交通核

户型B

2F户型B
露台

交通核

户型A

2F户型B
花园

1F户型A
花园

2F户型B
地下室

地下室

1F户型A
地下室

首层庭园

二层庭园

3. 产品策划更新

高容积率下低密产品：情景洋房
产品亮点：动静分区，生活充满乐趣

客餐厅一体——南北无遮挡，通风对流，全明餐厅
景观视野好——超大四面宽，超宽客厅，空间敞亮
超大花园——首层赠送花园，获得更好居住环境
高得房率——多层产品，公摊小，得房率高
合理布局——户型方正，功能分区合理
独立电梯厅——一梯两户，双开门电梯，独立入户，
保证居住私密性及入户品质

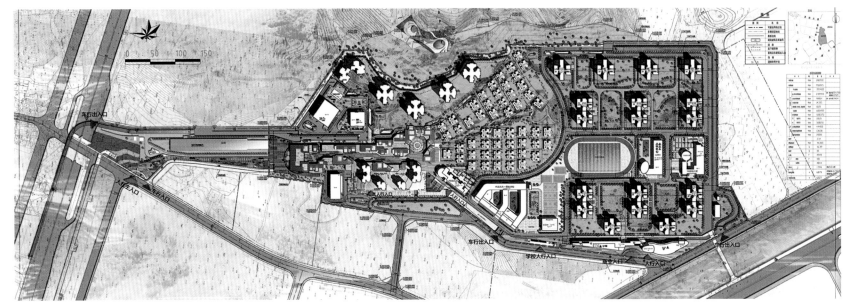

2016 年一级开发方案（同步实施开发阶段）

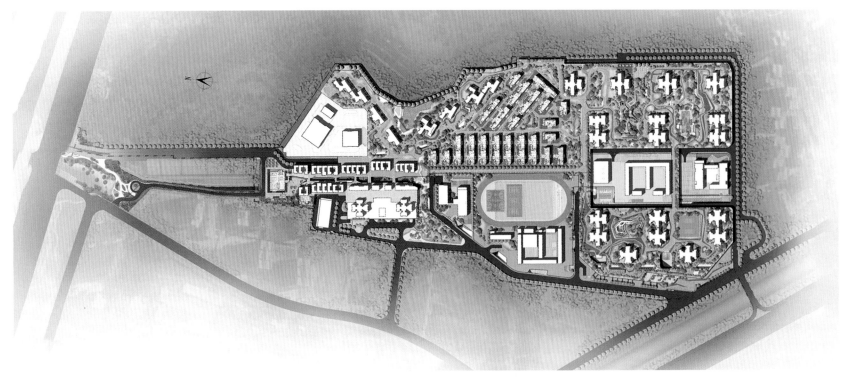

2019 年二级开发方案（二次市场开发阶段）

社区汽车库

车辆基地

2016 年一级开发上盖竖向空间布局

社区汽车库　　　　社区汽车库

车辆基地

2019 年二级开发上盖竖向空间布局调整

二级市场开发顺应开发条件变化进行优化再造，根据时间推移及市场发展优化住宅产品，提升住宅开发的价值。

（1）图书馆作为广州图书馆分馆向周边居民提供优质公共服务，推广文化传承；

（2）用地咽喉区上方调整洋房产品与布局；

（3）教育组团增设 27 班小学，缓解周边教育资源的匮乏，提升城市区域公共服务；

（4）东侧白地超高层调整布局与户型，增加大户型配比；

（5）按规划要求配置 10.6 万 m² 自持租赁住房，提升区域公共配置。

主要变化	1. 商墅展示区（出入段线）	2. 洋房区（咽喉区）	3. 教育组团（咽喉区）	4. 东侧白地	5. 配置租赁用房
内容	（1）增加图书馆单体； （2）增加商墅 1 层及赠送空间	（1）取消园林绿化水系，调整为行列式联排规划布局； （2）洋房由 2.5 层增加至 3.5 层，并增加地下赠送空间，需二次改建增加开发价值	（1）取消 8.5m 盖板车库层，体育场、体育馆位置调整； （2）增加 27 班预留小学	用地东侧超高层组团：由原来 6 幢点式十字形超高层住宅，调整为 2 幢点式 T 字形及 6 幢异形超高层住宅	新增配置 10.6 万 m² 的公共租赁住房的规划要求
解决措施	核算结构承载，将覆土荷载转换为商业功能	优化平面布局，核算盖板上下空间对位局部调整，将覆土荷载转换为住宅功能	转换处理：采用地垄墙＋叠合梁构造，结构采用柱墩＋转换梁形式	优化层高，调整交通组织，增加一层盖板车库	用地西南端调整 6 幢高层住宅户型设计，以满足公建配套要求

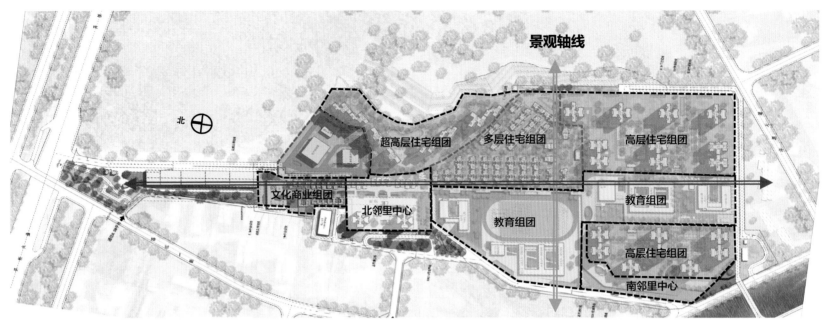

景观轴线

北

超高层住宅组团

多层住宅组团

高层住宅组团

文化商业组团

北邻里中心

教育组团

教育组团

高层住宅组团

南邻里中心

总平面功能分区图

建筑空间——功能组合

项目结合车辆段预留荷载情况，分成四大居住组团、两大邻里商业中心及一条教育中轴。

地块中轴为低矮的室外商业街区及教育配套，形成南北贯穿的视线通廊。位于中心的住宅组团采用多层建筑，为小区内部打造开阔的视野，同时在空间上联系西侧的城市及东侧的自然山体，增加周边环境的相互渗透，形成东西向的景观通廊。

打造出高低错落的丰富天际线，形成良好的城市景观。

集合公共配套形成两个大型邻里中心，进一步优化城市界面形象，同时更方便居民与市民共享使用。

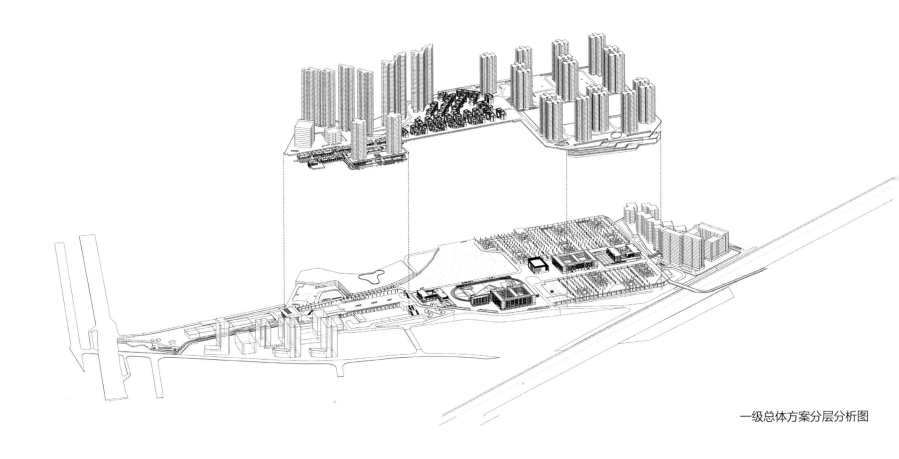

一级总体方案分层分析图

一级总体方案效果图

二级总体方案效果图

交通组织

1. 响应开放式小区的国家政策

城市交通直接接入小区 8.5m 标高教育组团、配套商业以及车库。开放式小区能避免成为城市孤岛，促进小区与周边的交流，满足教育组团直接面向市政道路、与周边共享教育资源的要求，盘活小区配套及商业。

小区电瓶车与地铁香雪站接驳

8.5m 盖板市政化分层示意图

2. 功能分明、便捷的交通组织

区分了作为公共交通出行的 8.5m 板区域以及作为小区内部人行、紧急消防车通行的 14.0m 板区域，满足了公共与私密空间分设、人车分流以及消防疏散的需求。

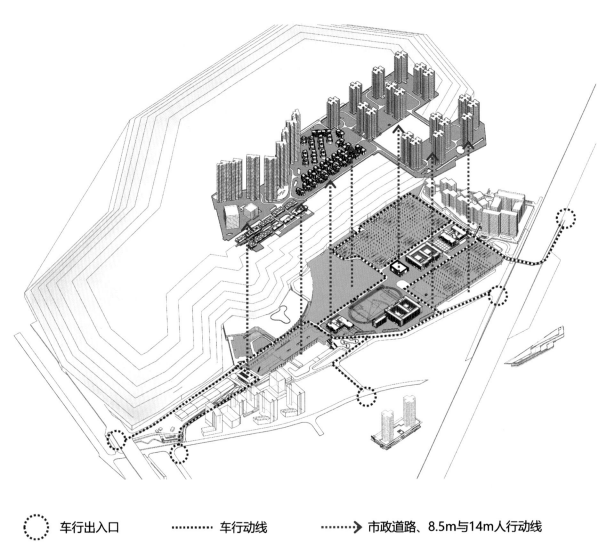

●●● 车行出入口　　　●●●●●●● 车行动线　　　●●●●●●➤ 市政道路、8.5m与14m人行动线

区域轴线关系

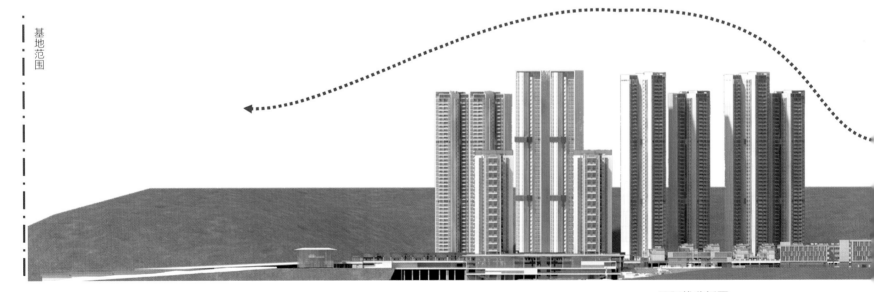

基地范围

天际线分析图

建筑空间——空间整合

　　延续一纵一横景观轴的设计原则，根据开发设计方案进行空间再塑。

　　从开创大道、荔红一路、伴河路等市政道路衔接空间开始，采用景观退台，缓缓而上至公共盖板平台空间，东高西低的建筑空间形态与周边山峦叠翠相呼应，形成生态共融的和谐景观。

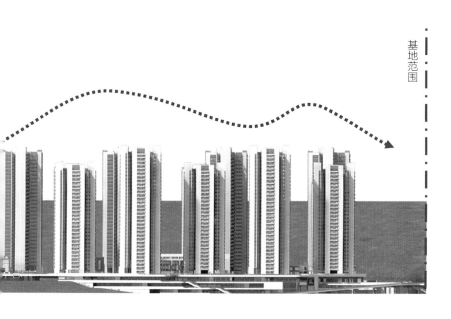

纵向景观轴实景图

建筑空间——叠合交通

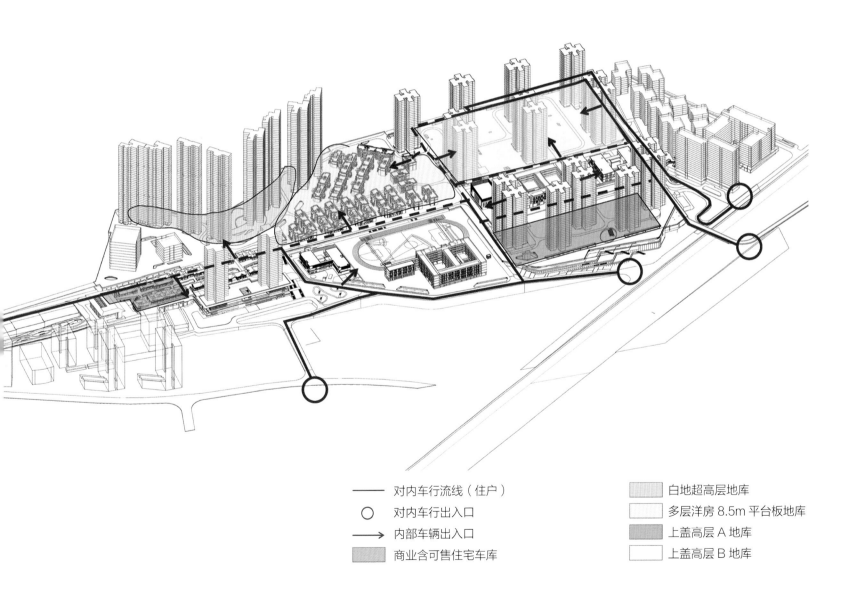

—— 对内车行流线（住户）	▨ 白地超高层地库
○ 对内车行出入口	▨ 多层洋房 8.5m 平台板地库
→ 内部车辆出入口	▨ 上盖高层 A 地库
▨ 商业含可售住宅车库	▨ 上盖高层 B 地库

新悦荟商业

8.5米板车库出入

学校出入口

车库出入口

地下出入口

防护林

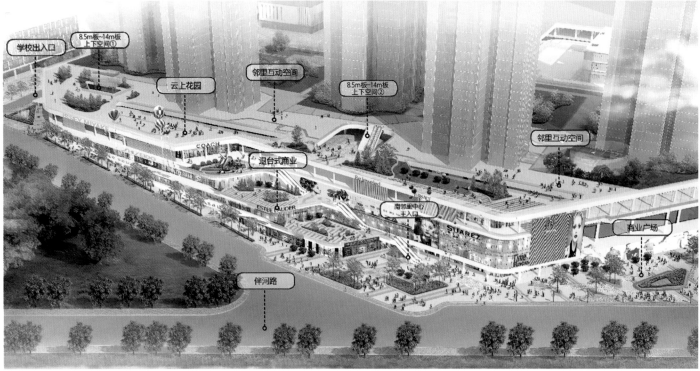

学校出入口

8.5m板~14m板
上下空间①

云上花园

邻里互动空间

8.5m板~14m板
上下空间②

邻里互动空间

退台式商业

商邻里中心
主入口

商业广场

伴河路

建筑空间——景观文化融合

基于 TOD 的景观设计，建立在轨交物业之上的，融合、创造、可生长的社区产品模式：高区视野、3D 园林、垂直 Mall、云中休闲、阳光车库。

根据地块特点、建筑布局、服务间距与营销需求，打造以人为本、科学合理的景观休闲活动功能区。

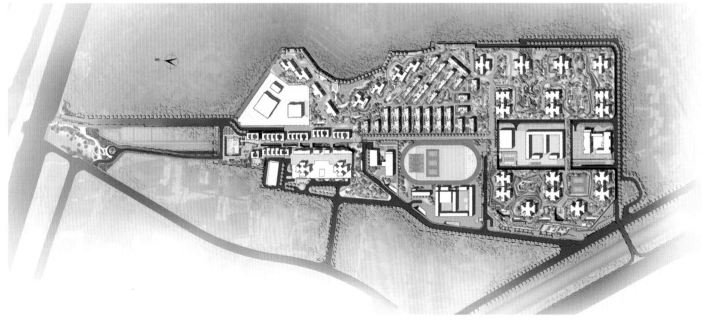

根据地块特点、建筑布局、服务间距与营销需求，打造以人为本、科学合理的景观休闲活动功能区。

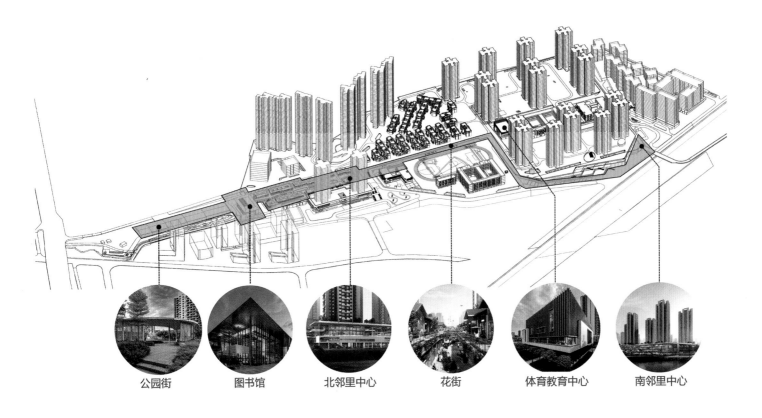

公园街　　图书馆　　北邻里中心　　花街　　体育教育中心　　南邻里中心

沿着公共通道布置的社区配套设计分析图

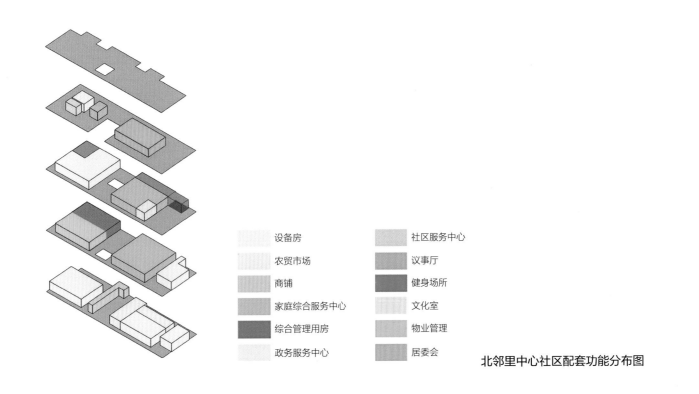

设备房　　　　　　社区服务中心

农贸市场　　　　　议事厅

商铺　　　　　　　健身场所

家庭综合服务中心　文化室

综合管理用房　　　物业管理

政务服务中心　　　居委会

北邻里中心社区配套功能分布图

社区商业配套设计

南邻里中心效果图

北邻里中心效果图

教育组团体育场、45班学校、18班幼儿园实景图

社区设置广州图书馆分馆外立面及室内实景图

标识设计

洋房街区标识

商业街区标识

公交接驳站点标识

8.5m 平台车库入口标识

车辆段上盖开发综合体基于立体交通与各类流线组织复杂，本设计融合建筑、园林风格，标识设计优雅简洁。

1. 标识种类

引导——展示空间的信息，指示特定的位置；

诱导——展示方向位置或使用路线到达目的地；

说明、管理——提醒或制约人们活动的信息与解说。

2. 使用者

按不同的使用者，标识可以分为三大类：

（1）"车辆标识"，标识高度约5m；

（2）"行人标识"，标识高度约1.5m；

（3）"行人与车辆复合标识"，标识高度约3m。

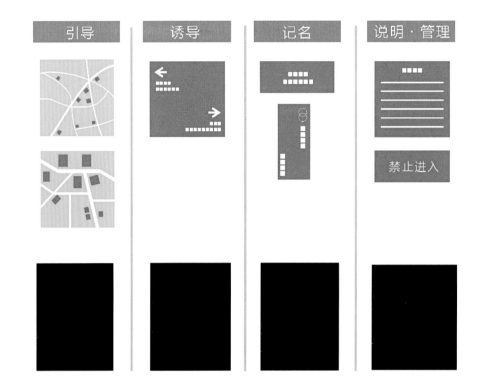

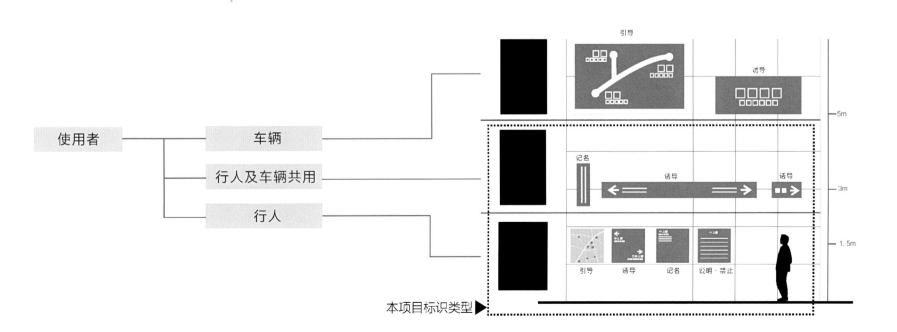

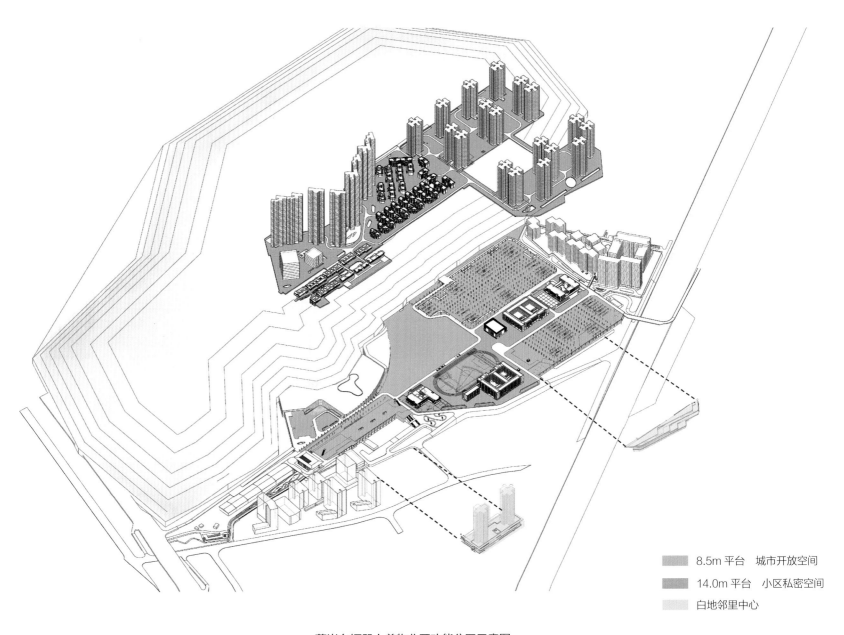

8.5m 平台　城市开放空间

14.0m 平台　小区私密空间

白地邻里中心

萝岗车辆段上盖物业开功能分区示意图

萝岗车辆段上盖物业开发建筑设计重难点分析

1. 设计周期长、条件多变，统筹难度大

（1）政策法规变化：项目从 2013 年立项至 2023 年竣工，历经市场政策、法规的变化，如限制大户型、开放生育等政策调整，各专业法规如建筑设计防火规范、结构设计规范等迭代，为全专业设计筹划增加较大的难度。

（2）周边场地条件变化：项目周边市政道路及电力管廊条件发生变化，项目交通及市政管廊需相应进行调整，确保落实交通专项研究的成果，并理顺市政接口，确保社区生活。

2. 物业开发产品迭代多变，再造设计挑战大

与同步实施盖板预留方案相比，二级物业开发实施方案布局调整较大，如出入段线预留商业改商业＋商墅，咽喉区 2 层别墅改为三、四层叠墅，部分高层住宅户型由两梯六户改为两梯七户等，需要按同期规范进行调整。

3. 场地竖向空间设计复杂

预留同步建设考虑永临结合、经济包容：由于学校区域取消盖板车库，需要对车库布置进行重新调整，基于场地限制条件，设置机械车库，使得竖向空间、管线布置更加复杂。

4. 立体交通分层分流，各动线互不干扰

由于教育组团规模增加，8.5m 盖板的公共交通流线需充分考虑外部师生的穿行交通流线组织、内部社区人车分流，并考虑车库、人行归家动线、慢行系统与地铁、常规公交接驳等，分层分流，互不干扰。

5. 分期设施与盖板保护

上盖开发分五期开展建设，各分期的消防、交通、市政均要求分期独立验收，设计分期接口、施工界面以及分期建设期间的地铁保护，同步实施工程在二级市场开发的建设完善等众多繁杂的工作需要设计大力统筹，以便推进建设实施，并确保地铁正常安全运营。

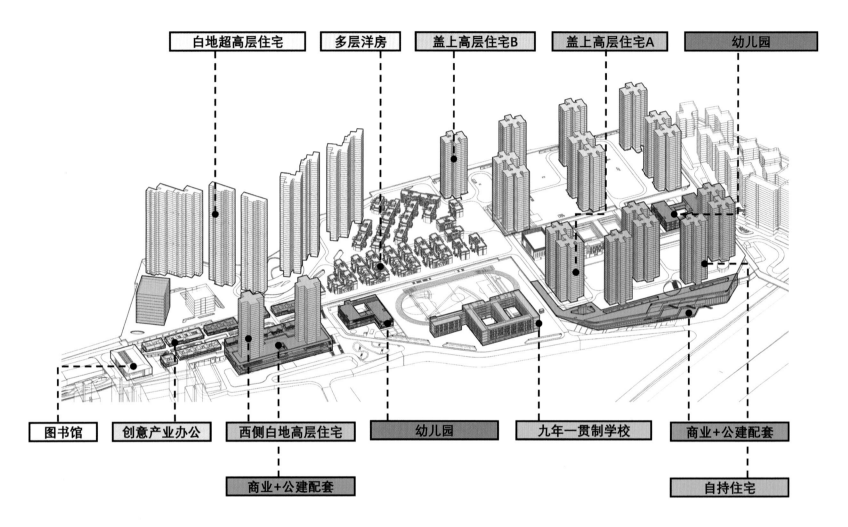

白地超高层住宅　　多层洋房　　盖上高层住宅B　　盖上高层住宅A　　幼儿园

图书馆　　创意产业办公　　西侧白地高层住宅　　幼儿园　　九年一贯制学校　　商业+公建配套

商业+公建配套　　自持住宅

萝岗车辆段上盖物业开功能分区示意图

萝岗车辆段上盖物业开发结构设计重难点分析

1. 物业开发规模大、业态复杂

萝岗车辆段上盖开发项目用地面积 31.23 万 m^2，建筑面积 90.39 万 m^2，是集高层住宅、多层住宅、图书馆、商业街及教育配套于一体的大型车辆段场站 TOD 枢纽综合体。盖板上最高建筑为 113.75m，采用单向全框支结构体系，白地最高建筑高度达 165.1m，采用剪力墙结构体系。

2. 物业开发方案变化大

与车辆段同步实施盖板预留方案相比，萝岗车辆段二级物业开发实施方案差异较大，出入段线区原预留园林改为商墅，咽喉区 2 层别墅改为三、四层叠墅，部分高层住宅户型由 1T6 变为 1T7。

3. 结构侧向刚度突变

当时经与车辆段工艺核实，车辆段首层盖板层高为 8.5m，二层盖板层高为 5.5m，高度相差较大，车辆段首层与二层的侧向刚度之比、受剪承载力之比均难以满足规范限值要求。

4. 转换形式复杂多样

由于方案变化大，导致转换范围大，转换形式复杂多样，上盖图书馆、中小学、幼儿园采用抗剪柱墩 + 转换梁的转换形式，高层住宅采用单向全框支剪力墙转换，咽喉区多层住宅采用叠合梁转换。

5. 地铁保护要求高

萝岗车辆段已经运营，设计时需考虑对既有车辆段运营安全和结构安全的影响，相邻白地的基坑最深达 12m，由于紧邻车辆段，需按照地铁保护相关要求进行专项审查。

6. 结构改造多

叠合梁转换和结构柱墩存在大量既有盖板结构打凿和植筋，施工过程中产生微振动，在大规模施工前，需对植筋工具和施工方法可能对下部楼板及管线产生的振动进行评估。

萝岗车辆段上盖物业开发机电设计重难点分析

① 二级盖板排水设计

1. 上盖开发雨水重现期

同步实施 8.5m 盖板为盖下车辆段的临时屋顶，雨水系统依据现行《地铁设计规范》GB 50157 暴雨重现期按 10 年一遇设计，并按 50 年重现期复核总排水能力。

二级市场开发为民用建筑，其室外雨水系统暴雨重现期按 5 年一遇设计，因同步实施盖板已按较高重现期实施了雨水系统，盖下车辆段雨水排水能力不受开发设计影响。

同步实施阶段 8.5m 盖板下垫面为混凝土屋面，其径流系数约为 0.9，二级开发后 14.0m 盖板下垫面由于重新设置了大量绿地及透水铺装等可控制径流的措施，其综合径流系数可降低至 0.4~0.5。

2. 退台排水及竖向接驳

二级开发车库在车辆段 8.5m 盖板边设置退台，退台区域为室外消防车道，上盖二级开发室外排水管线需横向穿越消防车道，并从车辆段盖板边沿边柱向下接驳至市政排水系统。

横穿路面排水管道需采用钢管，为满足消防车道的荷载，管道应做加强处理；为避免车道过管道时路面凸起过高，过路管原则上不超过 DN200，可设置多根管道满足排水流量的要求。

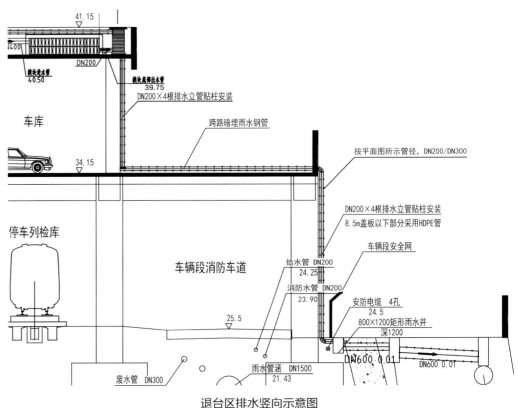

退台区排水竖向示意图

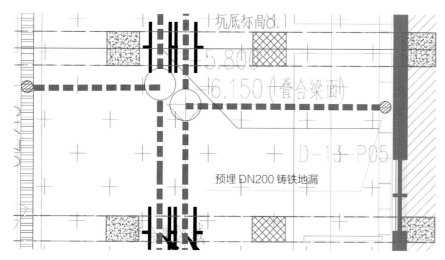

叠合梁区域预留预埋排水管线平面示意图

3. 叠合梁区域排水

上盖物业开发部分区域由于结构转换或加强荷载的需要，必须设置叠合梁用于转换，露天消防车道下的转换梁不能像常规室外道路一样敷设排水管道，由于结构的限制，叠合梁区域的预埋排水管道一般只能做到DN150~DN200，并且必须在结构梁施工时同步预留预埋。

4. 顶板覆土区渗水研究

运用HYDRUS-1D模型模拟城市绿地削减地表雨水径流效果，HYDRUS-1D模型能够模拟多孔介质饱和~非饱和渗流区水、热和溶质迁移过程。

据研究可知T=24h时，盖上覆土底部开始有渗透水渗出，且渗透速率逐渐增大，到T=28h时，达到稳定渗透速率1.04cm/h保持不变。以10000m² 覆土区域为例，则底部雨水最大渗出流量Q=10000×1.04/100/3.6=28.89L/s。按照上述最大渗出流量，每个围合区域内覆土渗透水排水需考虑分多处排放，每处流量需满足设置的地漏及周围潜污泵排水流量的要求。

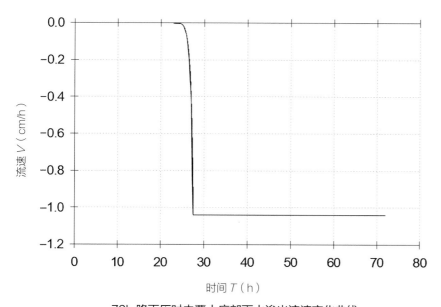

72h降雨历时内覆土底部雨水渗出流速变化曲线

② 给水排水系统技术

1. 消防系统资源共享

地铁车辆段上盖物业开发作为一个建设在车辆段之上的超大规模社区，水消防系统的设计至关重要，既要保障消防系统安全可靠，又要兼顾投资的经济合理性。

上盖物业一般按服务范围不超过 50 万 m² 建筑面积设置一座独立的消防系统（含消防水池、泵房、管网），服务范围内的住宅、公建配套共享同一套消防系统。

2. 区域集中供水加压系统

上盖物业开发各板块的分区供水泵房均位于车辆段盖板之上，市政自来水法定供水压力为 0.14MPa，在盖下集中设置一级供水加压系统。

本项目设置无负压增压设施。平时市政水压水量能满足项目需要，不会启动无负压增压设施，当项目水压不足时自动启动设备增压。

3. 智慧泵房

泵房运行远程监控系统具备对设备的运行数据采集、数据分析以及各类信号报警等功能，其通信符合规范要求。实时数据采集包括但不限于：

（1）泵房 / 设备运行数据，包括但不限于压力、流量、变频器数据、水泵运行数据、水箱液位、电压 / 电流 / 功率、消毒设备、集水坑 / 排污泵数据等。

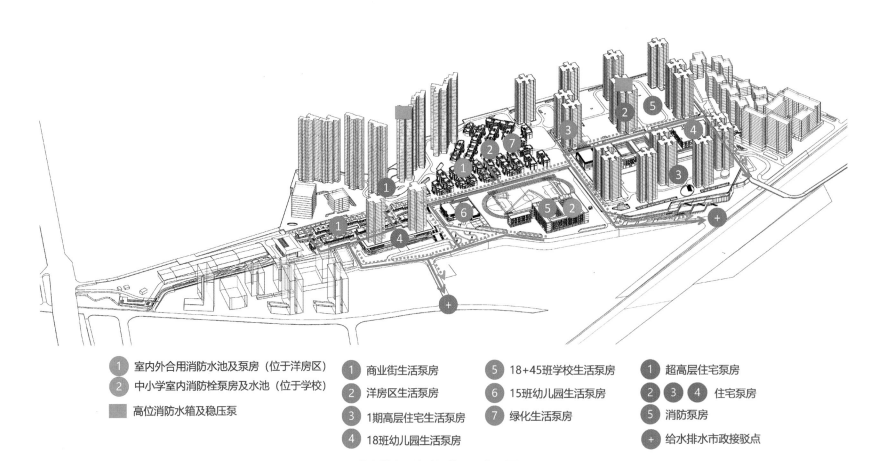

盖上供水及消防设施平面布局图

（2）泵房环境数据，包括但不限于温湿度、水浸、风机等。

（3）安防数据，包括但不限于视频、门禁、报警等。

泵房内设置在线水质检测仪，可以实时监测供水 pH 值、浊度、余氯等核心水质指标。

4. 新材料利用

保障供水系统的长期水质安全，可靠、耐久、抑菌的管材必不可少，项目采用食品级 SUS31603 不锈钢管材。

阀板应采用耐腐蚀性能不低于 S30408 不锈钢材料或不低于 QT450-10 球墨铸铁材料制作，阀杆应采用强度及耐腐蚀性能不低于 S42020 或 S30408 不锈钢材料制作。

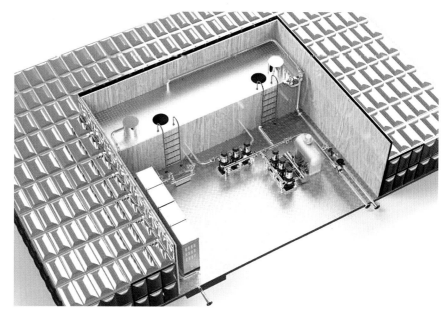

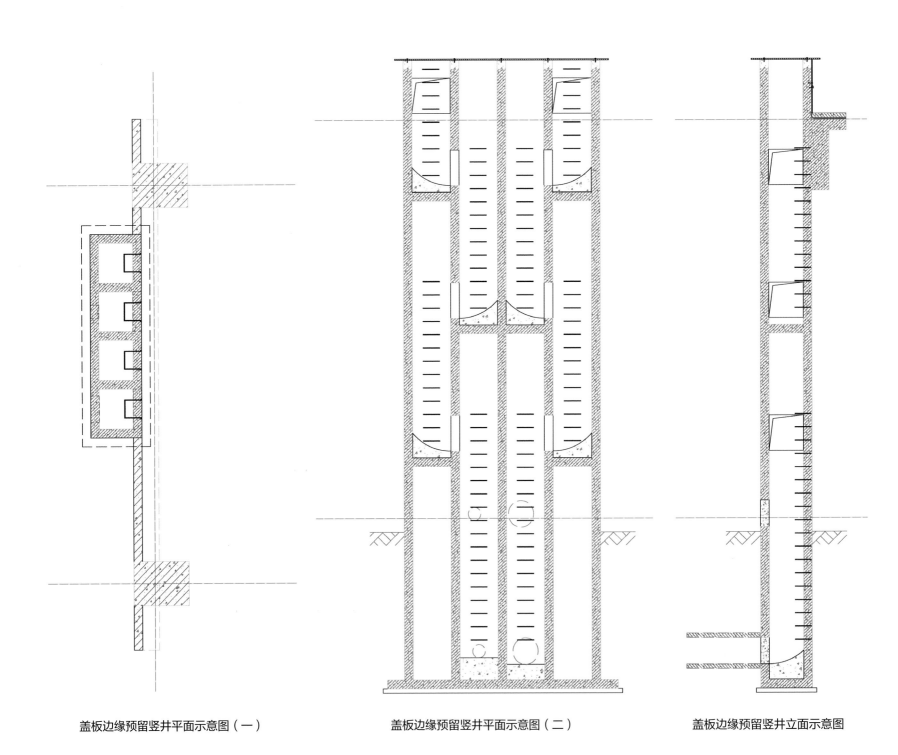

盖板边缘预留竖井平面示意图（一）　　　　盖板边缘预留竖井平面示意图（二）　　　　盖板边缘预留竖井立面示意图

③ 盖板上下管线竖井的预留

1. 萝岗上盖开发管线竖井预留情况

（1）在车辆段建设阶段预留部分 DN300 竖向污水管，盖下沿车辆段内道路设置上盖物业专用的埋地污水管道，并在车辆段建设期间提前接入市政污水系统；

（2）未预留雨水系统管线接驳。

2. 上盖物业开发过程中遇到的问题

（1）污水管线部分位于车辆基地管理范围，后续有需要时需协商车辆基地管理部门进行维护保养；

（2）施工过程中需局部进入车辆基地管理范围作业；

（3）雨水系统单独排放至盖外，排水路径长，未能利用车辆基地内排洪箱涵就近排入。

3. 后续优化建议

（1）在车辆基地建设过程中提前在盖板边缘设置土建排水竖井，减少二级开发过程中敷设竖向管线对车辆基地的干扰，减少日常维护工作；

（2）车辆基地内一般设置大型雨水箱涵和管道接入周围河涌，当上盖开发后盖下雨水系统雨水负荷较小，有条件时建议盖上雨水系统可就近在盖边接入段场内雨水系统，充分利用既有资源。

④ 海绵城市

1. 海绵城市的要求

海绵城市设计遵循常规海绵城市设计方法，以雨水花园和下凹绿地等措施实现雨水调蓄功能。

海绵城市规划目标：

（1）年径流总量控制率 ≥ 70%；对应黄埔区设计降雨量 26.2mm（约束条件）；

（2）室外可渗透地面率 ≥ 40%（约束条件）；

（3）人行道透水铺装比例 ≥ 70%（约束条件）；

（4）绿地下沉率 ≥ 50%（约束条件）；

（5）新建建设工程硬化面积达 1 万 m^2 以上的项目，每万平方米硬化面积应当配建不小于 500m³ 的雨水调蓄设施（约束条件）。

2. 下垫面覆土厚度要求

盖板上绿地覆土厚度达到 1.5m 的标准要求。因上盖平台的覆土位于 8.5m 盖板面上，不与城市土壤连接，下凹绿地通过管道引下至盖外，接入城市雨水系统。盖板覆土不足时，盖上雨水快速渗透至底板若无法快速排除，会对车库顶板的防水系统造成较大的压力，长期积水会造成渗漏。研究表明在 12h 长降雨时 60cm 深覆土达到饱和含水率，在 24h 降雨时 1.2m 深覆土达到饱和含水率，达到饱和含水率后土壤将渗出出流。

建议覆土深度保持在不低于 1.5m，以减少土壤的渗出流量。

下沉绿地完成效果图

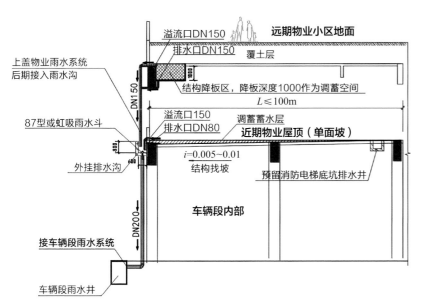

溢流口DN150
远期物业小区地面
排水口DN150
覆土层
上盖物业雨水系统
后期接入雨水沟
DN150
结构降板区,降板深度1000作为调蓄空间
$L≤100m$
87型或虹吸雨水斗
溢流口150
调蓄蓄水层
排水口DN80
近期物业屋顶(单面坡)
外挂排水沟
$i=0.005～0.01$
结构找坡
预留消防电梯底坑排水井
DN200
车辆段内部
接车辆段雨水系统
车辆段雨水井

调蓄池设置竖向示意图

3. 调蓄池设置

当下凹绿地等调蓄措施不足以满足项目的调蓄需求时,需设置雨水调蓄池,二级开发雨水调蓄池宜设置在盖板边缘,利用边跨结构降板所形成的空间进行雨水调蓄。

4. 海绵设施分类布局

如下图所示。

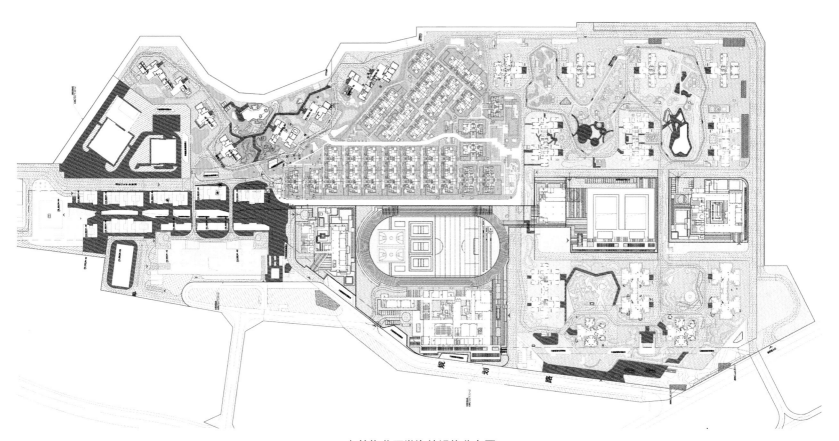

上盖物业开发海绵设施分布图

⑤ 电气专业设计

1. 概述

电气专业的设计范围包括变配电系统、动力配电系统、照明配电系统、防雷接地系统、节能系统、电气火灾报警系统、消防电源监控系统、消防应急照明和疏散指示系统。

2. 主要设计方案

（1）主要设计原则

1）上盖开发项与车辆段的防雷接地系统相互连通，其他电气系统应各自独立设置，不应相互影响。

2）上盖物业为民用电，与地铁用电功能不同，上盖物业供电电源从市政电源引入。

3）系统设计及布置须保证首期及各期工程实施、验收，并预留满足后期开发的强弱电进出线通道。

4）合理布置变配电点，变配电所应设置于负荷中心，以缩短距离，合理选择变压器的容量和台数。

5）优化配电回路管线的敷设路径，以减少管材的工程数量。

6）优化照明设计，选用高效节能灯具，采用有效的控制方式，在满足照度的前提下，减少灯具的数量。

7）电气管井尽量少占用公共空间，充分利用公共通道作为检修面积，以压缩电气管井的净宽度。电气设备房布置做到尽量少占用车位及其他有效空间。

（2）负荷等级

1）一级负荷主要包括：消防用电负荷、应急照明、公共照明、值班照明、生活水泵、潜污泵、弱电机房、客梯；

2）二级负荷：商场的电梯、扶梯；

3）三级负荷：其他照明、动力。

（3）供电电源及供电系统结线形式及运行方式

1）本工程总用电负荷为50890kVA。采用10kV单回路电源供电，供电部门共批复3路10kV电源。

2）本工程选用柴油发电机组作为备用电源。结合考虑分期开发、供电距离、管理需求等因素，本项目共设置8处柴油发电机房，总功率为4570kW。

3）低压为单母线分段运行，联络开关采用手动投切。当其中一路进线故障时，切断部分非保证负荷，以确保变压器正常工作。低压主进开关与联络开关之间设电气联锁和机械联锁，任何情况下只能合其中的两个开关。

（4）动力配电原则

1）低压配电系统采用放射式与树干式相结合的方式：对于单台容量较大的负荷或重要负荷采用放射式供电；对于照明及一般负荷采用树干式与放射式相结合的供电方式。

2）消防风机、消防电梯、消防水泵等消防负荷采用双电源末端互投。

3）一级负荷应由双重电源的两个低压回路在末端配电箱处切换供电。二级负荷由低压母线提供一路专用电源，当变电所一路电源失电，由低压母线分段开关切换保证供电。三级负荷也由低压母线提供一路电源，当变电所一路电源失电时允许切除。

（5）照明配电原则

1）室内一般场所照明选择绿色节能LED灯具，地下停车场采用雷达感应双亮度T8型LED灯具。

2）本工程设置集中控制型消防应急照明和疏散指示系统，在消防控制室集中手动、自动控制。在大空间用房、走廊、楼梯间及其前室、消防电梯间及其前室、主要出入口、消防控制室、消防水泵房等场所设置疏散照明。应急照明控制器的主电源应由消防电源供电；控制器的自带蓄电池电源应至少使控制器在主电源中断后工作3h。

3）地下车库非人防区车道照明灯具采用线槽安装，使之更简洁、美观。

（6）防雷与接地系统

1）本工程按第二类防雷建筑物设计，建筑物信息系统雷电防护等级为D级，预计年累计次数为0.318次。

2）本工程接地采用TN-S系统。本工程防雷接地、变压器中性点接地、电气设备的保护接地、电梯机房、消防控制室、通信机房、

计算机房等的接地共用统一接地极，要求接地电阻不大于1Ω，实测不满足要求时，增设人工接地极。

3）建筑的防雷装置应满足防直击雷、侧击雷、防雷电感应及雷电波的侵入，按防雷规范进行设计。

4）本工程利用车辆段盖板结构钢筋作防雷接地体（共同接地体），利用盖板内的钢筋作连接线。引下线上端与接闪带焊接，下端与盖板预留结构柱接地点的钢筋焊接。

5）为防止侧向雷击，从10层开始，每两层设均压环。

6）在有洗浴设备的卫生间、淋浴间采用局部等电位联结。

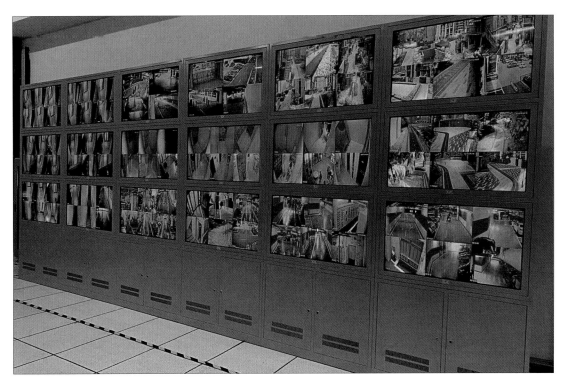

⑥ 智能化设计

上盖智能化设计包括信息设施系统和公共安全系统，准确识别信息、理解视频监控数据，实现上盖空间的运营服务、居住管理、安全防护等场景化智能分析与控制。

1. 设计原则
适度超前，亮点突出，软硬件兼顾。

2. 设计思路
优质服务，管理增值。

3. 本项目智能化关键技术
（1）高速传输网络：三网合一；

（2）便捷通行：人脸、车辆智能识别；

（3）智能安防：自动检测识别高空抛物；

（4）设备远程监控：防范风险，提升服务，降低成本，节省能源，高效管理。

1. 概述

通风空调的设计范围包括工程建设用地红线范围内的防排烟系统、通风系统、空调系统等。

2. 主要设计方案

（1）主要设计原则

1）上盖开发与车辆段的系统相互完全独立设置，不应相互影响。

2）通风空调系统设计应在满足要求的前提下力求简洁，同时系统设计时应采取相应的节能措施。

3）对不需设空调的设备用房、车库等，自然通风能达到要求的采用自然通风，自然通风达不到要求的设置机械通风。

4）空调系统的冷源型式结合工程特点、空调总冷负荷、负荷集中程度、冷负荷变化特点、运行能耗等因素进行综合比较后确定。

5）通风空调系统应采用安全运行、技术先进、可靠性高、节省空间、便于安装和维护、高效节能且自身自动控制程度高的设备。

（2）通风空调设计

1）商铺、学校及社区服务中心办公用房、电信机房、消防控制中心、电梯机房等设置分体空调或多联机空调。

2）住宅客厅及房间、临街商铺等预留分体空调室内机和室外机安装条件，分体空调由用户后期自行安装，室内空调冷凝水应有组织排放。

3）柴油储油间、用燃气的厨房、发电机房等设事故排风系统，卫生间、电梯机房、地下车库以及各类设备用房设计机械排风。

（3）防排烟系统设计

1）地下汽车库有条件的采用自然通风，无法满足自然通风的根据防火分区设置机械通风及排烟系统，进排风机与平时通风合用。

2）面积大于100m²的地上房间，采用自然排烟措施；地下总建筑面积大于200m²或一个房间建筑面积大于50m²的设置机械排烟；超过20m的疏散走道设置机械排烟。

3）地上不超100m的住宅楼梯间及前室优先考虑自然通风，无法满足的情况下设置机械防烟；地下一层封闭楼梯间在首层设置不小于1.2m²的可开启外窗或直通室外的疏散门，地下其余无自然通风条件的楼梯间及前室设置机械防烟。

（4）防排烟控制

1）当防火分区内火灾确认后，火灾自动报警系统应能在15s内联动开启常闭加压送风口和加压送风机、排烟口（阀）、排烟风机，在30s内自动关闭与防排烟无关的通风、空调系统，并应符合下列规定：

车库综合管线图一

车库综合管线图二

①应开启该防火分区楼梯间的全部加压送风机；

②应开启该防火分区内着火层及其相邻上下层前室及合用前室的常闭送风口，同时开启加压送风机；

③负担两个及以上防烟分区的排烟系统，应仅打开着火防烟分区的排烟阀或排烟口，其他防烟分区的排烟阀或排烟口应呈关闭状态。

2）加压送风机的启动应满足下列要求：

①现场手动启动；

②通过火灾自动报警系统自动启动；

③消防控制室手动启动；

④系统中任一常闭加压送风口开启时，加压风机应能自动启动。

3）排烟风机、补风机的控制方式应符合下列规定：

①现场手动启动；

②通过火灾自动报警系统自动启动；

③消防控制室手动启动；

④系统中任一排烟阀或排烟口开启时，排烟风机、补风机自动启动；

⑤排烟防火阀在280℃时应自行关闭，并应连锁关闭排烟风机和补风机。

4）排烟和补风机以及加压送风机除在消防值班室控制外，就地设有控制和检修开关。

5）排烟风机的进口处设280℃排烟防火阀自动关闭，输出信号联锁关闭排烟风机和补风机，手动复位和关闭。

6）加压送风机的进口处设70℃自动关闭的防火阀，并联锁关闭加压风机，手动复位和关闭，输出关闭信号。

7）防排烟系统的手动、自动工作状态，防烟排烟风机电源的工作状态，风机、电动防火阀、电动排烟防火阀、常闭送风口、排烟阀（口）、电动排烟窗、电动挡烟垂幕的正常工作状态和动作状态等信号须反馈至消防联动控制器。

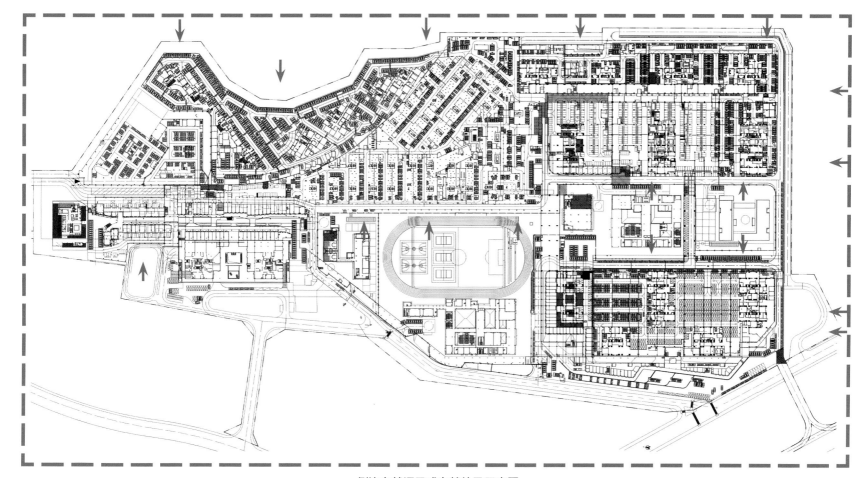

侧边自然通风或自然补风示意图

3 关键技术应用

3.1 规划理论

本项目遵从 TOD 开发 3D 理论，项目完成了容积率 2.14 的高强度、高密度场段综合体开发，整合绿色立体交通接驳系统，融合文化、教育、商业、居住、康体等复合功能，营造了绿色低碳、智慧和谐的 TOD 居住社区，项目提升了区域功能布局，落实了广州 TOD 场站综合体政策与开发实施。

1. TOD 站区集聚效应

在功能复合集成方面，结合广州 TOD3.0 模式站城一体化理论，高度整合站场的周边资源，营造多元业态的生活，形成文化、教育、康体共融的和谐生活社区。

2. TOD 的多维理论

在不断迭代的时代，项目引用"绿色发展、智慧社区"等发展理论，采用绿色低碳的建设产品，用海绵城市的理念建造，并设置 10 大智能运维。

3. 韧性城市发展

本项目运用韧性城市发展策略，积极考虑基础设施的重要性与资源的约束性，构建车辆段与上盖开发一体化的防灾安全体系，盖上盖下一体化消防设计、立体化的应急防灾措施，合理提升城市与基础设施安全与韧性，保障人们的生产和居住安全。

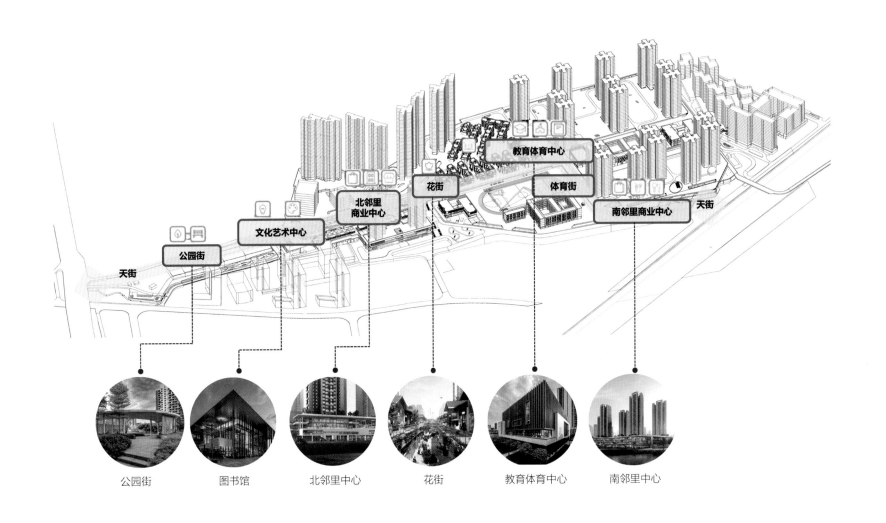

教育体育中心

花街

北邻里
商业中心

体育街

南邻里商业中心

天街

文化艺术中心

公园街

天街

公园街　　　　　图书馆　　　　　北邻里中心　　　　　花街　　　　　教育体育中心　　　　　南邻里中心

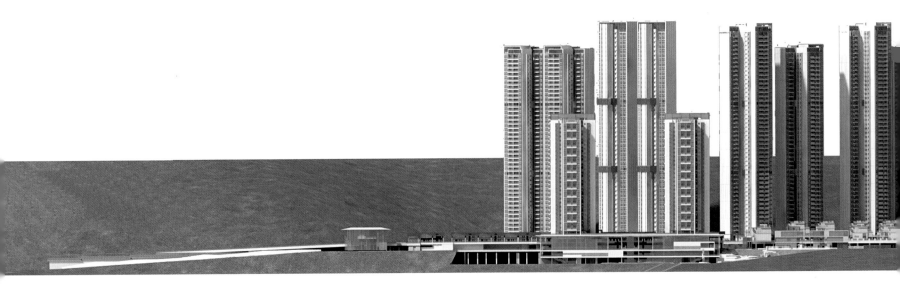

3.2 规划设计

调研国内先进城市的 TOD 综合开发经验，结合住房和城乡建设部《城市轨道沿线地区规划设计导则》，本项目落实三同步（同步规划、同步设计、同步建设）的工作措施和全过程一体化设计。

1. 轨道交通与上盖开发物业规划协同

项目在土地储备阶段开展功能策划，充分调研市场情况，并进行上位规划、交通规划的功能定位、车辆段功能空间组合等统筹研究，落实关于图书馆、教育组团公共设施、公交站场交通设施配置，经过业态分析，提出文化、教育、商业、居住、租赁用房、康体 6 类业态的匹配度。

2. 轨道交通与上盖开发一体化联动

空间组织充分考虑车辆段与上盖不同产权的空间使用与管理，全过程以十字景观轴环区布置的原则进行设计。

3. 构建立体交通

（1）项目与广州地铁六号线香雪站、黄埔有轨电车站建立交通衔接，创造 0.0m、8.5m 层面良好的公交接驳和自行车通行环境，促进健康、低碳、绿色的 TOD 建设。

（2）结合 0.0m 公交、公共自行车以及 P+R 等交通接驳，8.5m 车行、14.0m 人行等立体分层道路形成富有弹性、多层次、多样化的立体交通系统。

3.3 建筑空间

设计遵循上位规划，注重整体环境，多元重塑空间布局，国内首例咽喉区上方布置住宅的开发实践项目。

1. 空间叠合利用与优化

（1）基于波动的市场需求变化，通过技术空间挖潜优化设计方案，咽喉区上方布局从土地整理阶段的低层公共建筑，在同步实施阶段调整预留为带水系低密度住宅，二级市场开发阶段迭代改造为低层联排住宅，产品户型叠合的不断优化实现开发提质增效。

（2）盖上盖下竖向空间合理转换利用，优化上盖开发盖板停车库的停车效率。

2. 空间形体消融与多样天际线

开发用地与城市界面边缘采用多层退台处理沿街立面，消解车辆基地上盖大尺度高差空间体量的视觉压迫感，同时积极利用周边环境资源，灵活空间布局、功能与形体叠合，统筹控制整体建筑群落空间组合与天际线，形成层次分明、与环境融合的城市空间形态。

3. 生态环境与景观塑造

利用多层盖板创造空中绿地，并结合岭南地域特点选用多样化的绿色植物创造 TOD 立体景观社区，沿着景观轴线布设绿化景观通廊、下沉景观广场、屋顶绿化、架空层垂直绿化等，与建筑虚实结合。通过边坡立体绿化过渡延伸，与周边山体资源生态相融，步移景异，构筑生态园林与健康生活社区场景。

建筑空间优化

车库标准化研究

车辆段盖上车库，与常规物业开发的地下车库相比，受到更多限制，需要解决更多问题。

例如：①车库柱网受盖下限制；②与白地车库、市政道路连接与通过问题；③转换层高差、盖板荷载问题等。

官湖、萝岗项目作为广州首批开展上盖开发工作的试点，对盖上车库进行针对性的设计和总结，具有很高的研究价值。

研究成果一：形成盖上车库指引
研究成果二：指导 AI 车库设计
研究成果三：提出相关限额指标

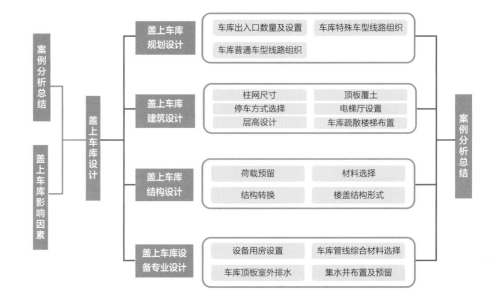

基本单元及组合模式研究

结合盖板上下模数关系，提出基本柱网单元策略

（1）垂直轨道方向：

● 分析车辆段不同功能分区的最小轨道线跨要求；

● 车辆段轨道布置模数＋盖上停车柱跨模数，取最小公约数作为柱网模数。

（2）平行轨道方向：

● 根据停车需求，选择最佳柱网模数8100mm；

● 两个方向柱网叠合，形成基本设计单元。

基本单元的多种组合方式

一线跨、两线跨、三线跨基本单元的不同组合及对应的最优停车布局。

车库设计中的优化设计指引

车库平面设计指引

（1）上下协同、优化结构柱网设计：

● 在较为规整的运用库轨道区，以垂直停车为主，局部设置平行停车；

● 在咽喉区等无法规则落柱的区域，通过结构的单向转换，保证一个方向8100mm的规则柱距，盖上停车布局顺应规则柱网方向。

（2）塔楼间距的布置尽量满足双排停车的模数：

沿塔楼顺应轨道的方向平行布置，前后间距尽量满足双排停车模数；

（3）设备房、核心筒设计原则；

（4）车道及车位设计原则。

车库层高优化及设计指引

（1）各功能区域车库净高控制原则；

（2）不同荷载区域结构设计原则；

（3）管综高度及排布方向设计指引。

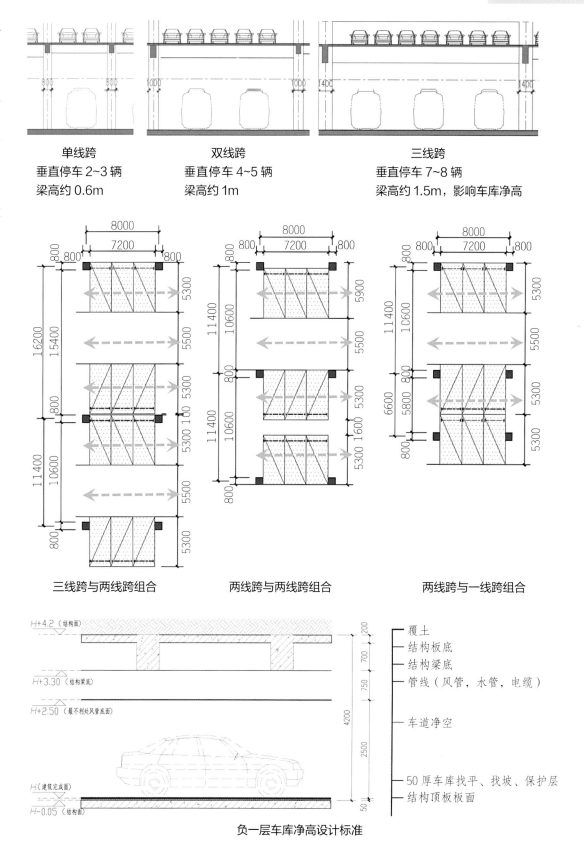

单线跨
垂直停车 2~3 辆
梁高约 0.6m

双线跨
垂直停车 4~5 辆
梁高约 1m

三线跨
垂直停车 7~8 辆
梁高约 1.5m，影响车库净高

三线跨与两线跨组合 **两线跨与两线跨组合** **两线跨与一线跨组合**

覆土
结构板底
结构梁底
管线（风管，水管，电缆）

车道净空

50 厚车库找平、找坡、保护层
结构顶板板面

负一层车库净高设计标准

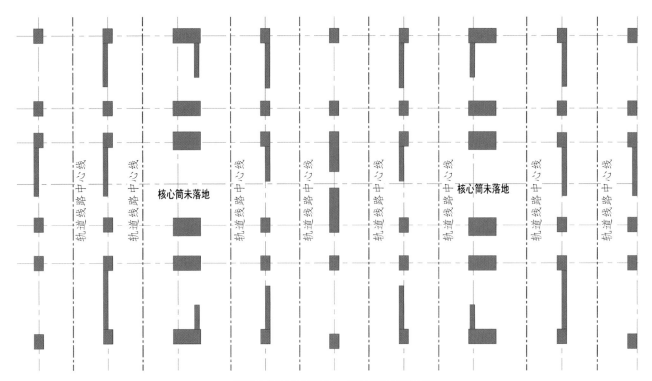

萝岗车辆段盖下轨道与墙柱关系示意图

塔楼首层剪力墙　　　转换层墙柱　　　梁　　　梁抗剪钢板

上盖高层住宅转换层结构布置图

3.4 结构与市政

创新结构体系——全国首个超过 100m 单向全框支剪力墙结构

萝岗车辆段上盖开发项目为全国首个超过 100m 的单向全框支剪力墙结构体系，帮助业主实现开发规模提容降本增效，确保开发效益。在车辆段运用库区域共有 18 栋高层住宅，高度 99.9~113.15m，由于平行于轨道方向不能落剪力墙，采用的是单向全框支剪力墙结构，为单线跨，首层车辆段层高为 8.5m，二层层高为 5.5m，垂直于轨道方向的跨度为 7.4m。转换结构采用方钢管混凝土框支柱与带型钢转换梁，剪力墙被转换率超过 80%。基础采用钻孔灌注桩，高层住宅区域的基础埋置深度为 2.5m。

以 3 号、4 号楼为例，建筑高度为 113.15m，根据《住房城乡建设部关于印发〈超限高层建筑工程抗震设防专项审查技术要点〉的通知》进行超限判定，属于 B 级高度超限结构，并存在 6 个不规则项：①扭转不规则，偏心布置；②凹凸不规则；③楼板不连续；④刚度突变，尺寸突变；⑤构件间断；⑥承载力突变。

针对车辆段层上盖物业开发项目存在上述不规则项的特点，结构设计采取了以下解决措施：

（1）增加首层侧向刚度，控制首层层间位移角在设防烈度作用下满足不大于 1/1000；

（2）部分框支柱采用钢管混凝土柱，以提高关键构件的抗剪能力和抗弯能力；

（3）转换层以下的塔楼及外伸一跨范围内的竖向构件性能目标提至 B 级，并提高转换层楼板抗震性能；

（4）转换层以下构件不先于转换层以上构件出现塑性铰，确保竖向构件强剪弱弯；

（5）优化转换梁结构布置，避免多次转换，采用带型钢转换梁，提高剪力墙偏心布置时梁的抗扭能力；

（6）针对基础埋深不满足规范要求的情况开展基础专题分析，经复核结构能满足风荷载和设防地震作用下整体抗倾覆和抗滑移要求。

主要构件尺寸与材料等级

构件部位		构件尺寸（mm）	材料等级
转换层以下	框支柱	混凝土柱：1500×2900、1950×2900 钢管混凝土柱：1500×30	C60
	核心筒剪力墙	400~500	C60
	转换梁	1500×2500、2000×2500	C40
	裙楼柱	800×800、1000×1000	C35
转换层以上	剪力墙	300、250、200	C60~C30
	框架梁	200×700、200×600	C30
	次梁	200×600、200×500	C30

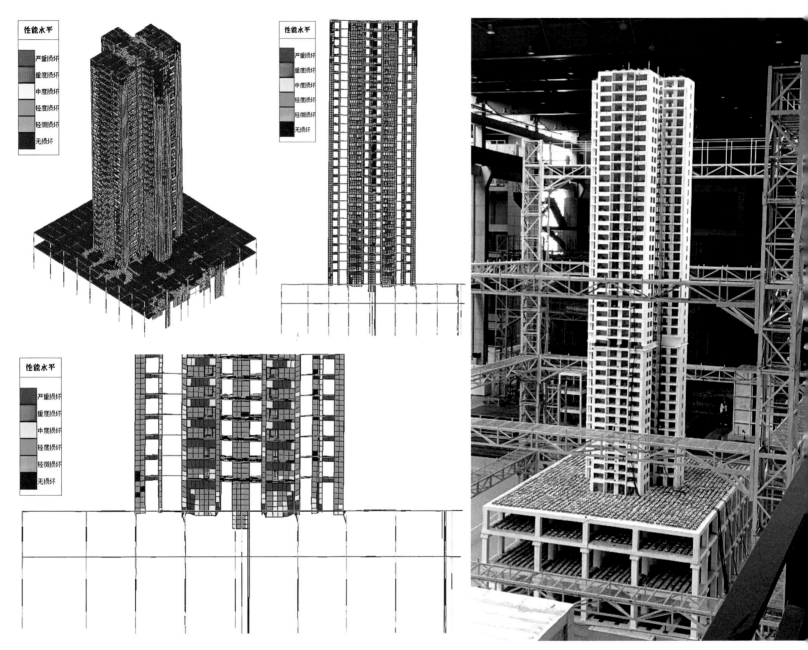

性能水平
严重损坏
重度损坏
中度损坏
轻度损坏
轻微损坏
无损坏

性能水平
严重损坏
重度损坏
中度损坏
轻度损坏
轻微损坏
无损坏

性能水平
严重损坏
重度损坏
中度损坏
轻度损坏
轻微损坏
无损坏

车辆段上盖高层住宅超大震弹塑性结果示意图

车辆段上盖开发 150m 全框支剪力墙厚板转换振动台试验

结构超大震动力弹塑性分析和 150m 高全框支剪力墙厚板转换振动台试验

萝岗车辆段上盖开发项目是国内首个超过 100m 高全框支剪力墙结构体系，先后于 2019~2021 年多次召开超限审查会议，邀请了全国及广东省内最权威的抗震专家王亚勇、陈星、方小丹等，对全框支剪力墙结构体系进行了激烈的探讨。为论证全框支剪力墙结构体系的结构安全性，分别开展了结构超大震弹塑性专题分析和全框支剪力墙厚板转换振动台试验。

结构超大震弹塑性专题分析：本项目采用 PKPM–SAUSAGE 软件进行了超大震动力弹塑性专题分析，按 8 度峰值加速度 400gal 进行计算。超大震弹塑性分析结果显示，转换层以上墙体破坏程度远大于转换层以下竖向构件，且转换层以下结构不先于转换层以上结构破坏，结构整体抗震性能与预期塑性发展过程吻合。

全框支剪力墙厚板转换振动台试验：为进一步验证车辆段上盖物业开发采用全框支剪力墙结构体系的结构安全性，广州地铁设计研究院股份有限公司联合同济大学土木工程学院开展了 150m 高全框支剪力墙厚板转换振动台试验。振动台采用 1：10 的缩尺比例，分别进行了 7 度、8 度、9 度罕遇地震的振动试验，通过试验结果可以得出全框支结构厚板转换体系基本满足现行规范 7 度抗震基本要求，结合结构某些部位在高烈度罕遇地震作用下的实际破坏情况，针对薄弱部位提出了加强结构抗震性能的具体措施和建议。

在萝岗车辆段上盖物业开发项目中全框支剪力墙结构体系的探索和实践，经历了从无到有，从理论计算到结构试验，最后到项目实施落地的全阶段过程，成功解决了车辆段上盖物业开发预留开发灵活度、结构转换复杂、开发强度大等难题，获得了行业内专家及业主的高度评价和认可，为后续车辆段物业开发项目奠定了坚实的基础，相关实践经验被写入广东省地方标准《高层建筑混凝土结构技术规程》DBJ/T 15–92—2021。

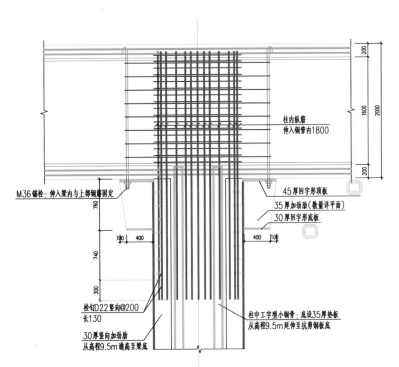
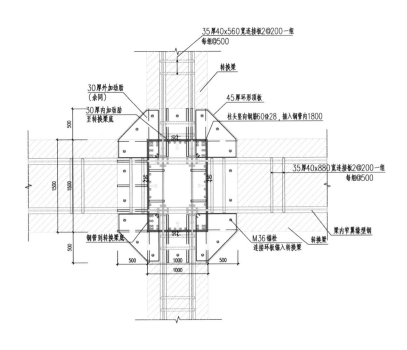

框支转换节点大样图

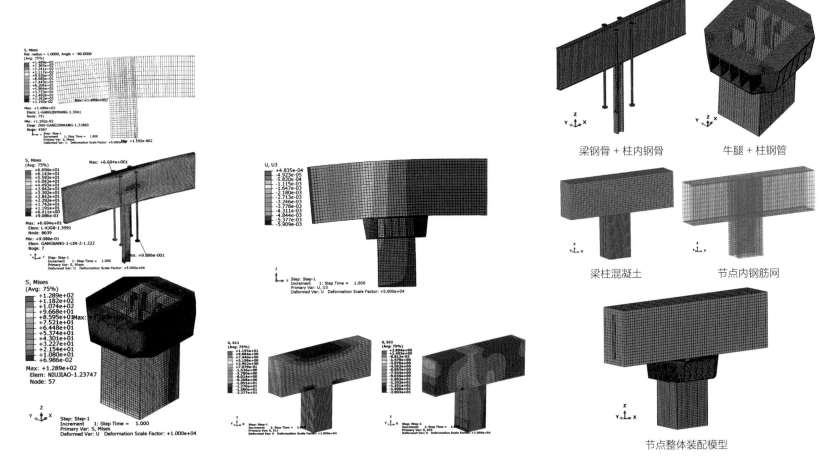

梁钢骨 + 柱内钢骨　　　　牛腿 + 柱钢管

梁柱混凝土　　　　节点内钢筋网

节点整体装配模型

转换节点有限元分析结果示意图

新型方钢管柱混凝土与型钢混凝土梁节点大样

原盖板下预留的转换柱大部分为矩形钢管混凝土柱，转换柱截面尺寸 1500mm×30mm，转换梁采用型钢混凝土梁，截面尺寸 1500mm×2500mm。根据超限审查专家意见，为平衡转换梁上部剪力墙偏心布置产生的扭转，转换梁内设置两片抗剪钢板。

为确保钢管柱与型钢混凝土梁结构的连接节点满足大震作用下的受力要求，采用 Abaqus 建立框支柱与转换梁连接节点的空间三维有限元进行计算分析。有限元计算结果显示，整个节点受力都在弹性范围之内，满足设计要求。

框支转换梁柱节点钢结构施工现场图

超高层住宅实景

白地超高层结构设计——超高建筑风洞试验

　　萝岗车辆段白地开发主要位于车辆段盖板与大公山之间，共有 8 栋超高层住宅，不含地下室，大底盘设四层裙楼，建筑功能主要用于车库及设备用房，建筑高度为 146.65~164.75m，均采用钢筋混凝土剪力墙结构，抗震设防烈度 7 度 (0.1*g*)，抗震设防类别为丙类，抗震性能目标为 C 级。

　　以最高建筑 21 号、22 号超高层住宅 T2 户型为例，建筑高度达 164.75m，高宽比达 9.02（"高规"限值 6），属超 B 级高度高层建筑（7 度区，剪力墙结构）。根据结构计算结果显示，本栋楼结构刚度受风荷载控制，为优化剪力墙厚度，充分利用车辆段上盖和周边地形的有利作用，根据规范要求对 21 号、22 号楼实施高频底座天平风洞试验。

　　风洞试验结果显示，各塔楼均满足规范要求。结构设计时按 50 年重现期的等效静风荷载作为结构变形验算的计算依据，以 100 年重现期的等效静风荷载作为结构承载力设计的计算依据。

　　通过采用风洞试验风荷载与现行规范风荷载计算模型进行对比分析，在满足结构安全的前提下，本项目在试验数据指导下有效减少了剪力墙厚度，降低了结构土建成本，提高了户型使用率，取得了较好的经济效益。

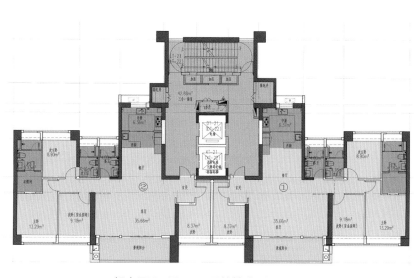

超高层 21 号、22 号栋楼户型平面图

白地超高层 21 号、22 号栋楼风洞试验

| 基坑位置 | 地铁车辆段B区 | 地铁车辆段C区 |

27 号、28 号楼基坑平面位置示意图

紧邻车辆段深基坑地铁安全保护专项分析

基坑周边情况：萝岗车辆段上盖开发项目27号、28号楼基坑北侧为空地，东侧紧邻6号线萝岗车辆段，西侧为空地，西南侧紧邻基坑边，有施工临时斜坡道，坡道最高高于地面2~10m。基坑东西方向宽约80m，南北方向长约160m，合计开挖面积约1.36万m²，计划开挖地下2层，基坑深度约为12m。

地质情况：基坑所处场地内花岗岩孤石较发育，根据详勘报告，钻孔见孤石率达48.3%，且多为微风化花岗岩孤石，需要重点处理。基坑实施前采用超前钻探明孤石分布情况，超前钻沿基坑边线5m间隔布置钻孔。受孤石影响，搅拌桩成桩困难，排桩间止水采用旋喷桩，遇孤石时提前做引孔处理，保证止水旋喷桩顺利施工。

基坑设计方案：基坑安全等级一级；东侧靠近地铁，环境等级一级；西侧坏境等级二级。基坑主要采用排桩+1道混凝土内支撑的支护形式，部分基坑顶采取放坡处理。采用"米"字撑（对撑+斜撑）处理形式，大对撑按照18m间距布置，斜撑按照6m间距布置。

基坑设计重难点：紧邻基坑西南侧开挖边界有一条施工临时斜坡道，坡道高出基坑开挖标高2~10m，对基坑围护结构影响较大，为本基坑设计重难点之一。为尽量减少斜坡道荷载对基坑的影响，在基坑西南侧冠梁处增设1道锚索，并在东南侧围护结构剖面计算中充分考虑支撑不平衡土压力的影响，验算东南侧围护结构在不平衡土压力作用下的位移和配筋。

地铁安全保护专项分析：为验证地铁安全保护性，针对基坑开挖进行了三维模拟分析，分析结果显示，基坑施工对车辆段结构造成的影响如下：车辆段结构向基坑方向的最大位移量为6.525mm，最大沉降量为-4.388mm，车辆段轨道轴线位置楼板的最大变形为3.322mm，沉降较小，满足车辆段安全运营的相关要求。

27号、28号楼深基坑地铁安全保护专项审查于2019年10月获得通过，针对地铁保护的相关措施得到业主和专家的一致认可。

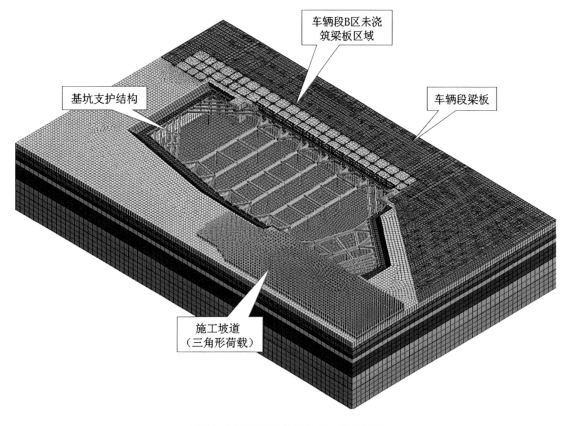

基坑与车辆段结构位置关系三维分析图

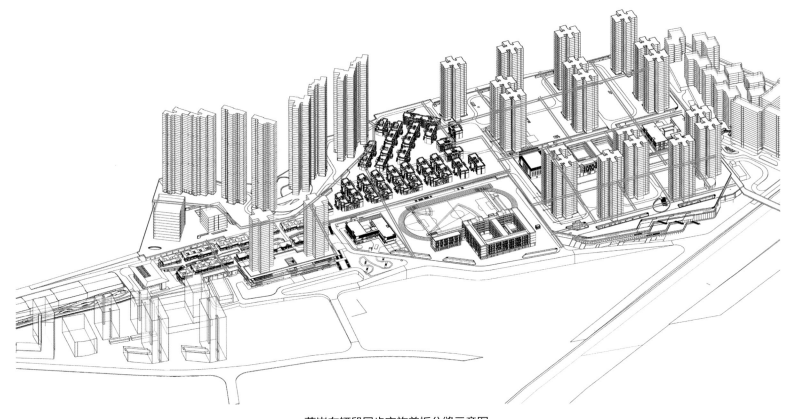

萝岗车辆段同步实施盖板分缝示意图

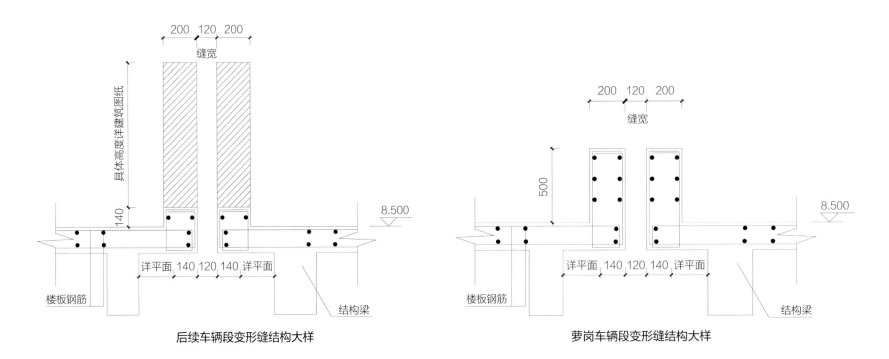

后续车辆段变形缝结构大样

萝岗车辆段变形缝结构大样

盖板变形缝大样及后续优化建议

萝岗车辆段变形缝设置原则和大样

（1）变形缝设置原则：萝岗车辆段同步实施盖板设计时，为避免超长混凝土结构温度应力的不利影响，除咽喉区外，大部分盖板变形缝的间距控制在100m以内，整个萝岗车辆段地块按功能大致可分为综合楼区（A区）、出入段线区（B区）、咽喉区（C区）、库房区（D区）、白地住宅区（E、F区）及白地商业区（G区）几个部分，F、G区有地下室，共计30个结构单元分区。

（2）变形缝结构大样：变形缝大样中有500mm高混凝土反坎。

上盖物业开发施工中遇到的问题

（1）萝岗车辆段上盖物业开发项目中盖板层建筑功能主要为地下停车库和设备用房，大量的混凝土反坎和盖板建筑面层需要凿除，需要一定程度上的工程改造，影响施工效率。

（2）变形缝的位置是盖板防水的薄弱部位，现场施工过程中容易造成变形缝的破坏，导致盖板渗水，影响地铁安全运营。

变形缝后续优化建议

（1）盖板变形缝设置时将变形缝的间距由原来的100m增加至200~300m，结构设计中考虑温度荷载作用的不利影响，适当增加抗裂钢筋，从而大幅减少结构单元分区，减少变形缝的数量，降低车辆段的渗漏风险。

（2）优化同步实施盖板变形缝大样的反坎高度和建筑面层做法，在不影响车辆段安全运营的前提下，大幅减少上盖物业开发时的变形缝及建筑面层改造工程。

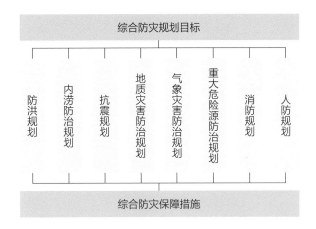

综合防灾规划目标

人防规划
消防规划
重大危险源防治规划
气象灾害防治规划
地质灾害防治规划
抗震规划
内涝防治规划
防洪规划

综合防灾保障措施

3.5 防灾安全

近年来，全球各类灾害频发，"韧性城市"已成为国内外政府和全社会的共识。在该理念引导下的城市综合防灾引入复杂科学，用复杂网络理论与研究方法，发掘复杂城市系统的内在关联及其发展规律。本项目依托《城市综合防灾规划标准》GB/T 51327—2018，结合项目特征开展韧性城市理论在工程防灾安全保障方面应用的研究：

（1）防洪防涝；

（2）海绵城市；

（3）消防设计；

（4）抗震设计；

（5）地质灾害防治；

（6）人防设计。

本项目防灾设计重视城市建筑与基础设施的安全管控；通过科学提升盖上结构、市政基础设施等技术设计的安全性和使用舒适性，有利于轨道交通上盖综合体防灾减灾在韧性城市建设的推广，本项目提供了可持续发展的借鉴与实例。

① 防洪防涝

应对极端气候变化引起的洪涝灾害是韧性城市的课题之一。通过"源头减排、管网排放、蓄排并举、超标应急"等举措，让雨水在一定范围内滞留，增加系统的调蓄能力，提高管网的排水标准，可有效应对洪涝灾害。

萝岗上盖开发项目，严格按照相关标准建设海绵设施，主要采用下沉绿地、雨水花园等措施，控制本项目内的径流。项目内受控径流与城市市政排水系统错峰出流，降低市政排水系统的排水流量，减少对市政排水系统的破坏性冲击。

② 供水安全

供水安全作为韧性城市核心指标之一，其实现路径主要体现在水源可靠性、供水设备及管网的耐久性、水质安全、水压保证等方面。

水源可靠性：

项目从周边伴河路和荔红一路分别接入市政供水水源，形成环状供水水源，确保水源安全，各储水设施保持备用水量。

供水设备及管网的耐久性：

项目采用高效节能变频供水设施，内部供水管网主要采用耐久性强的SUS316不锈钢供水管道。

水质安全：各供水泵房内采用深度处理设施，处理引入的市政供水，即使外部水质波动也能保障社区出水水质的稳定。

水压保证：智能变频供水设备应对用水端的各种工况，使末端出水水压保持恒定。

③ 机电抗震

机电抗震支架系统，以地震荷载力学为基础，将管道、风道、电缆桥架等机电设施牢固连接于已做抗震设计的建筑结构上，限制其机电工程设施产生位移，控制设施振动，并将荷载传递至承载结构上的各类组件或装置。抗震支架的主要作用就是安全，即把地震所造成的生命与财产损失减少到最低程度。

机电抗震设计范围：

根据《建筑机电工程抗震设计规范》GB 50981—2014的规定，抗震设防烈度为6度及6度以上地区的建筑机电工程必须进行抗震设计（含地下综合管廊），具体如下：

（1）防排烟风道、事故通风风道及相关设备应采用抗震支吊架（含防排烟、消防补风系统、消防前室正压送风系统、管线及风机相关设备）；

（2）管径大于或等于DN65的生活给水、热水及消防管道，应设置抗震支吊架；

（3）悬吊管道中重力大于1.8kN的空调机组、风机等设备应设置抗震支吊架；

（4）管径大于或等于25mm的燃气管道应设置抗震支吊架；

（5）内径大于60mm的电器配管及重力不小于150N/m的电缆桥架、电缆线槽、母线槽应设置抗震支吊架；

（6）矩形截面面积大于等于0.38m² 和圆形或直径大于等于0.7m的风道应设置抗震支吊架。

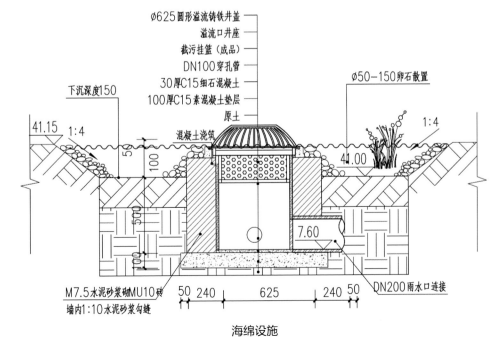

海绵设施

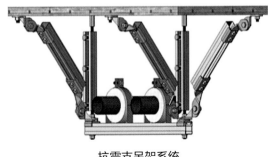

抗震支吊架系统

④ 消防设计

由于上盖开发在车辆段上盖顶板上进行，从竖向分区，上盖开发为民用建筑，盖下部分为工业建筑，不同功能叠合成综合体，其消防设计应严格按不同功能单独设置考虑，并应进行消防专项设计与论证审批。

消防论证

2015年广东省消防总队组织专家审查，明确带上盖开发的消防设计标准：

（1）车辆基地为丁、戊类工业建筑，上盖开发物业为民用建筑，各自设置独立消防设施系统；

（2）车辆基地与其他功能场所之间应采用耐火极限不低于3.0h的楼板分隔；

（3）车辆基地建筑承重构件的耐火极限不应低于3.0h。

本项目策略

（1）盖下消防车道排烟口距离盖上建筑退多层≥10m（其他场所6m），退高层≥13m，裙楼6m；

（2）车辆段与盖上建筑开口为总高度大于2.0m，耐火极限大于3.0h的实体墙。

机电消防

灭火系统、报警系统、排烟系统之间联动作用，报警系统控制模式的启动时间、部位与排烟系统密切相关，排烟系统的热量、温度、烟气层的高度直接影响自动喷水灭火系统洒水喷头的启动，自动喷水灭火系统的预作用系统需要由报警系统联动以保护财产，防止误喷和水渍。

本项目的消防给水系统有市政给水及消防水池经消防水泵向管网供水、高位消防水箱向管网供水、消防水泵接合器向管网供水三种类型，供水方式相互补充。考虑到项目的体量，设置多处独立的消防水系统和消防供水泵房、水池等。以上各种措施共同保障了消防设施的可靠和冗余，系统的韧性得以确保。

⑤ **安全与保护**

1. 高边坡支护措施

（1）结合地质情况采用分级放坡，对于中微风化花岗岩，充分利用岩土的天然强度，采用1∶0.25放坡；花岗岩残积土及全强风化岩层采用1∶1~1∶1.25放坡；

（2）微风化岩石边坡采用主动防护网防止碎块掉落，顶部风化岩体边坡采用锚索格构梁加固，防止边坡滑塌；

（3）格构梁内植草绿化，有效防止冲刷边坡；

（4）边坡顶部设置截水沟，坡面设置排水沟，急流槽引排边坡汇水。

2. 古滑坡段抗滑桩治理

（1）放缓边坡坡率，将边坡调整为1∶1.5；

（2）边坡中央设置6m宽平台分隔上下边坡；

（3）采用1~2排2m×3m抗滑桩，抗滑桩穿过滑动面进入中、微风化花岗岩3~5m；

（4）坡脚设置仰斜式泄水管，排泄坡体地下水，提高边坡稳定性；

（5）边坡设置排水系统，引排边坡雨水。

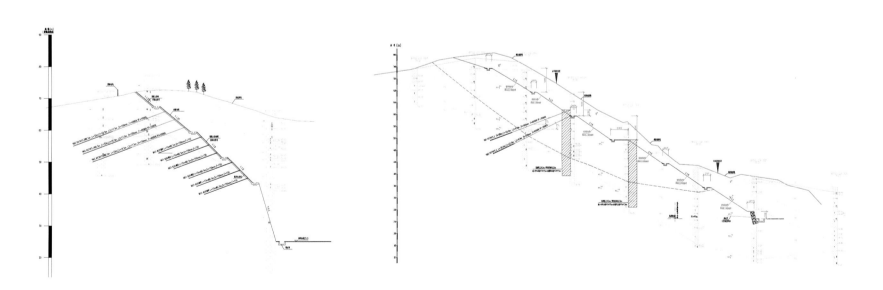

高边坡支护示意图一　　　　　　　　　　　　　　高边坡支护示意图二

⑥ 边坡监测

（1）为保证边坡稳定，在整个边坡布置了监测网；

（2）监测内容包括坡面水平、垂直位移监测、地下水位监测、坡体深层位移监测等内容；

（3）监测项目采用自动化监测；

（4）监测频率为3~6个月，极端天气进行加密监测。

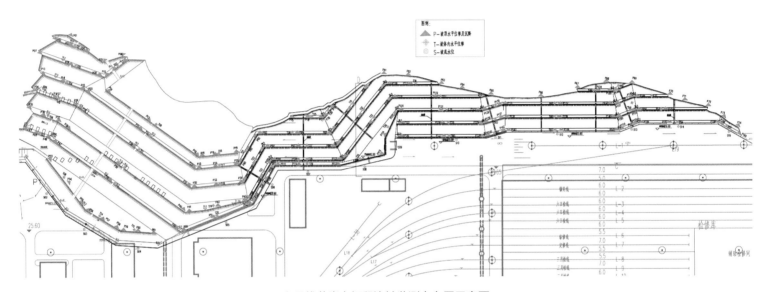

六号线萝岗车辆段边坡监测点布置示意图

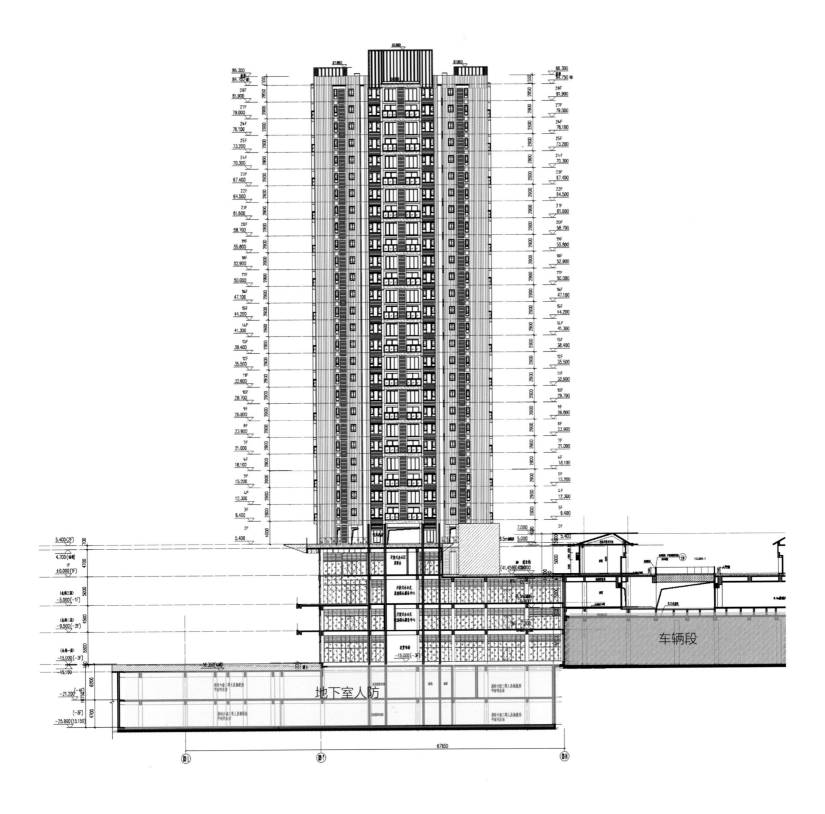

车辆段

地下室人防

⑦ 人防设计

作为广州首批车辆段上盖开发项目，如何根据 TOD 场段综合体的具体特点，合理进行人防设计，在发挥 TOD 社会、经济效益的同时，兼顾战备效益是个难题。经过与人防部门的多次沟通，2017 年 5 月，广州市民防办公室对《萝岗车辆段上盖开发修建防空地下室咨询意见》进行复函，明确了人防面积计算及人防建设规模与标准。

本项目防空地下室位于 27 号、28 号楼地下一、二层，平时功能为停车库，战时为人防隐蔽功能。人防地下室建筑面积为 23640m²，防空地下室属甲类，共设 9 个防护单元，27 个抗爆单元，战时可掩蔽 10900 人。

本项目人防等级：

（1）核 5 级常 5 级防空专业队装备掩蔽部；

（2）核 5 级常 5 级专业队队员掩蔽所；

（3）核 5 级常 5 级战时电站和核 6 级常 6 级二等人员掩蔽所。

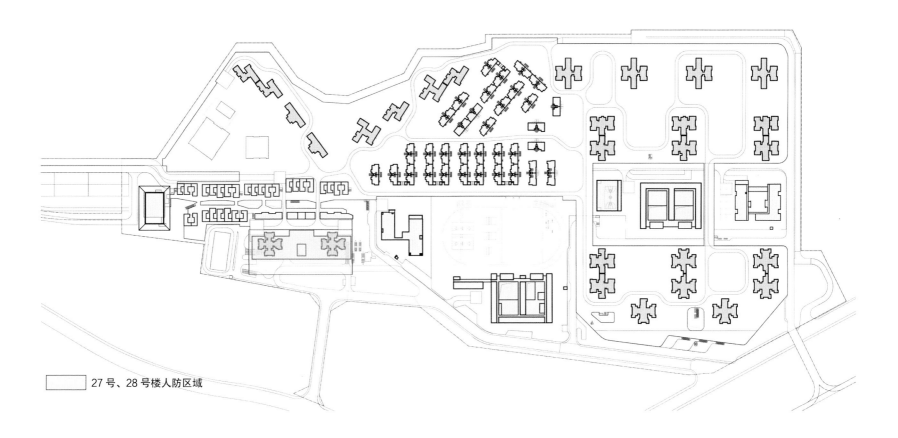

☐ 27 号、28 号楼人防区域

4 | 设计思考

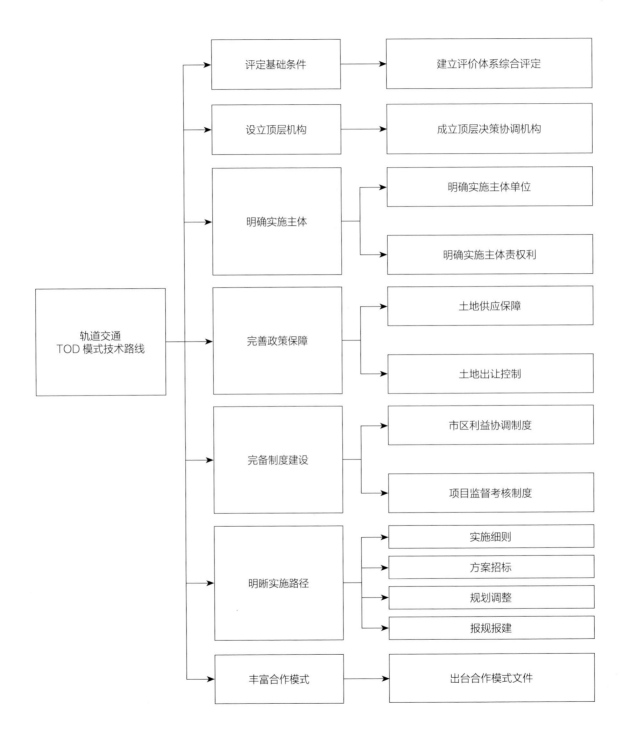

4.1 政策支持

2015 年 12 月，住房和城乡建设部印发《城市轨道沿线地区规划设计导则》，推进轨道交通沿线地区地上与地下整体发展。2020 年 1 月，自然资源部编制《轨道交通地上地下空间综合开发利用节地模式推荐目录》，以引导各地在实施轨道交通地上地下空间综合开发过程中，进一步提高土地利用效率。

2021 年《广州地铁 TOD 综合开发白皮书》诠释广州地铁从 1992 年单站开发开始的 30 多年不断摸索 TOD 开发的思路和历程，本项目是作为广州市轨道交通沿线土地储备规划的首批综合开发项目，其工作路线如下：

1. 首批土储综合开发试行工作

（1）规划引导，储备先行；

（2）TOD 开发同步"规划、设计、建设"三同步；

（3）政策统筹，专业协调。

2. 土地整理平台完成带方案出让

2017 年《广州市轨道交通场站综合体建设及周边土地综合开发实施细则》公布，为广州 TOD 发展提供实现编制方法和审批流程方面的指导和支持。

本项目在广州 TOD 政策支持下完成了开发"三同步"，确定开发用地分类，权责分明，并对 TOD 场段综合开发的出让条件设置明确要求。

3. 有关技术标准的支持

目前上盖开发技术尚未形成体系，由于开发时间长，技术规范不断更新迭代，项目设计会受到影响，建议尽快推动 TOD 综合开发技术标准的制定，统一指导上盖综合开发建设。

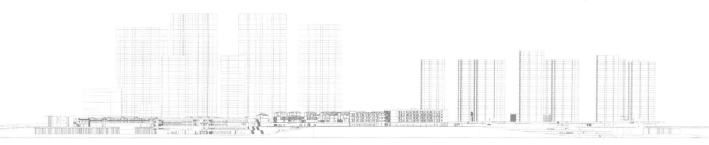

4.2 规划协同

通过本项目的全过程规划设计，从土地整理，同步盖板实施到二级开发建设，提出以下规划设计布局控制要素：

1. 整合用地功能布局，推导合理开发模式

轨道交通站场用地与上盖开发用地功能布局相辅相成、相互影响，基于集约开发理论，应以人为本进行功能用地分析研究，具体包括：轨道交通用地、居住用地、商业服务设施用地、公共管理与公共服务用地，立体道路与交通设施用地，立体绿地与其他用地等，通过调整不同功能用地构成比例与组合，推导合理的开发模式。

2. 开发与城市公共服务设施配套耦合发展，提升区域城市水平

本项目为居住型 TOD 项目，根据用地区域公共服务配建进行了充分的研究，与公共交通、教育部门、市政设施部门、环保、卫生防疫等充分交流，形成开发与城市公共活动中心相互耦合的发展模式，综合开发的商业服务、交通设施、教育设施、养老、康体设施辐射周边区域，整体提升城市空间服务水平。

3. 用地容积率

基于场段综合体集约用地、紧凑开发的原则，参照"TOD 导则"，按不同类型的开发模式对上盖开发进行多方案比选，结合土地成本、居住舒适度、开发价值预判等进行经济效益、环境效益、社会效益综合评价决策。

统筹车辆段与物业开发界面提升

消防车道自然排烟口

露天消防车道

侧边敞开消防车道

统筹车辆段建筑与盖上建筑空间形态与融合

统筹盖上建筑分期实施接口与车辆段地铁保护

4.3 一体化设计

TOD 是自上而下与城市规划系统接轨的研究流程 + 跨界整合的多专业综合平台，将轨道资源与城市其他发展资源进行高效整合从而实现价值提升的产品，需要相关利益主体在从城市顶层设计到项目建设运营的全过程进行合理有序的协作才能顺利推进，通过项目反思，提出一体化设计统筹要素：

（1）注重"源头策划"

厘清各阶段推进路径。

（2）重视 TOD 属地性和实操性

TOD 项目各地政策、条件不一，建议由真正具有 TOD 项目落地实操经验的顾问团队，牵头承担统筹轨道交通与物业开发建设双线并进实施，预见问题少走弯路，有效解锁 TOD 建设难题。

（3）一体化设计

鉴于 TOD 项目周期长、条件复杂、专业多、协调难度大的特点，将整体工作按轨道交通建设时序进行分解、逐步推进，并开展规划、空间、交通、市政、物业开发一体化的设计工作，高效整合资源，有力推动 TOD 建设发展。

（4）逐段有序推进，合理规避风险

采用"统一谋划、分期开工"的策略，主动分解约定各阶段的工作目标，实现本阶段目标后再发下一阶段全部或部分工作的开工任务，注意分期接口的统一管理，减少实施风险。

开发建设中的 8.5m 盖板建筑与白地基坑建设

同步实施建设中的 8.5m 盖板建筑与开发白地接口预留

4.4 施工实施

开发建设中也面临着专业技术要求、利益博弈等层面的一系列难题，项目施工的挑战则是轨道交通建设项目与上盖物业开发项目的建设时序不同步，建设技术及施工难度大。施工中有以下几个关键：

1. 立体空间结构，施工难度大

TOD 项目在建设过程中涉及不同工程的叠加，不仅存在地铁上盖物业的开发，还需要准确合理地完成盖下空间的对接。这非常考验开发者的空间处理能力，同时要求施工团队须具备专业的开发技术及成熟的开发经验。

2. 工程界面与管理复杂，严格控制工程变更

TOD 项目建设周期长，分期工程界面与管理复杂，成本始终是项目管控的关键，大量实践表明 TOD 项目无法避免工程变更，应遵循"创造价值的变更 > 优化节约的变更 > 严控浪费超值的变更"的原则，并运用分控策略和综合专业技能进行严格有效的管控。

3. 实施管理协调量大，需确保轨道交通既有运营安全的管控

TOD 项目地铁设备设施交叉紧密，对地铁上的建筑施工团队会提出更为严格的安全要求，即在不影响地铁正常运行的情况下进行施工。通过加强安全隐患排查，对动火作业进行提前报备，场地防抛物、防渗漏排查等一系列质量监控措施，严控过程建设风险，确保生产建设安全。

开发建设中的 14.0m 盖板建筑与 8.5m 运动场建设

4.5 管理协调

TOD 项目的基本构成要素包括土地、轨道、物业等,项目开发前期就是一个非常复杂的过程。TOD 涉及政府、地铁公司、房企三大主体,在项目前期乃至整个项目建设运营过程中,如何平衡好各方的利益关系都决定了 TOD 项目是否能够顺利落地。

1. 工作机制

由政府牵头,促成各管理部门合作,形成联席会议制度,实现全流程、同平台统筹与协调,建立城市规划和轨道交通发展规划的衔接机制。

2. 开发管理

(1)规划管理层面

提出容积率标准,鼓励用地功能混合,放宽建筑密度限制,鼓励立体绿化等,提高土地开发效率,激励项目开发兼容更多公共服务功能,相应提出品质化设计要求。

(2)开发模式

场站综合开发与轨道建设计划紧密关联,将场站综合体用地纳入轨道交通主体工程征收范围,与轨道交通主体工程用地一并征收,保障同步实施,鼓励轨道公司通过合作开发等方式参与场站综合体二级开发,提高开发收益。

3. 建设管控

(1)成本管控:全过程成本控制执行"预警机制"有效处理实施阶段各类建设信息,确保总体平衡;

(2)工程质量管控:通过全过程、同口径、大容量的管控体系,实现精细化管控;

(3)资金风险管控:围绕 TOD 建设资金周转要求,根据开发关键时序提高资金效率,发挥资金最优效能;

(4)项目系统风险控制:平衡参与 TOD 过程中的收益和风险,投融资模式及相应的控制风险。

4.6　运营发展

TOD 的全链条服务，如何建立亲善的睦邻友好关系，打造高效节能、绿色环保、智能和谐的居住社区是关键，我们提出了资源共享的共融方式。

1.　运营管理

建立科学的运营管理体系，包括人员管理、设备维护、安全管理等方面的措施，开展公共文化、体育设施资源共享，促进友好邻里社区和谐发展。

2.　市场营销

引入地域、地铁等文化元素，制定有效的市场营销策略，吸引更多的居民和商户入驻，提升 TOD 项目的知名度和竞争力。

3.　社区服务

提供多样化的社区服务，满足居民的需求，增加他们对项目的满意度和忠诚度。

TOD 项目是集成公共交通、服务配套、城市产业、消费情景、城市文化、景观标志、宜居社区等多种功能元素于一身的"微型城市"，创造提供特色化城市公共空间，成为发展活力的源泉。

我们将继续努力深耕，在 TOD 项目实践中充分考虑规划、设计、建设和管理等方面的关键方法，以确保 TOD 综合开发的成功运营和轨道交通的可持续发展。

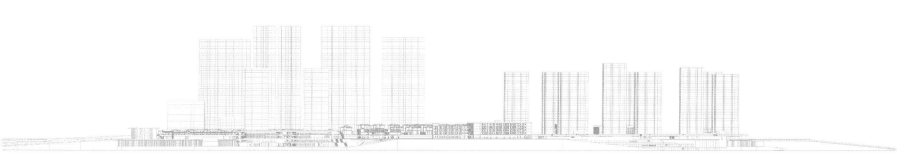

结　语

　　中国城市轨道交通 TOD 开发现已成为推动我国城市空间布局优化与高质量、可持续发展的重要路径；TOD 开发的核心是交通发展与土地利用的一体化；通过 TOD 一体化开发建设，在混合用地布局、高强度开发与公共空间营造等方面取得显著的效果。本项目开发历经 10 年来 3 个发展阶段的历程更迭，完成"同步规划、同步设计、同步建设"的三同步工作，实现了"轨道＋物业"项目全生命周期综合效益的优化。

　　我们作为轨道交通车辆基地及上盖开发的全过程、全链条的一体化统筹与协同设计总体，衷心感谢政府各管理部门、各专业协会团体及各参建企业单位的大力支持与配合，营造出高效土地利用、绿色生态、安全韧性、智能运维的三生共融 TOD 宜居活力社区。

　　随着城市发展的不断更新迭代，我们坚守初心、砥砺前行，在开发实践中不断摸索、探索、解锁 TOD 建设与实施难题，以新为刃，步履不停，秉承"以城为本，以人为本"的开发理念，积极助力加快 TOD 综合体开发高质量建设，促进城市群交通、产业、城市融合的一体化发展。